精致蛋糕解构全书

彭依莎 主编

黑龙江科学技术出版社
HEILONGJIANG SCIENCE AND TECHNOLOGY PRESS

图书在版编目（CIP）数据

精致蛋糕解构全书 / 彭依莎主编 . -- 哈尔滨：黑龙江科学技术出版社，2019.1
ISBN 978-7-5388-9876-7

Ⅰ . ①精… Ⅱ . ①彭… Ⅲ . ①蛋糕－糕点加工 Ⅳ . ① TS213.23

中国版本图书馆 CIP 数据核字 (2018) 第 231761 号

精 致 蛋 糕 解 构 全 书
JINGZHI DANGAO JIEGOU QUANSHU

作　　者　彭依莎
项目总监　薛方闻
责任编辑　徐　洋
策　　划　深圳市金版文化发展股份有限公司
封面设计　深圳市金版文化发展股份有限公司
出　　版　黑龙江科学技术出版社
　　　　　地址：哈尔滨市南岗区公安街 70-2 号　邮编：150007
　　　　　电话：（0451）53642106　传真：（0451）53642143
　　　　　网址：www.lkcbs.cn
发　　行　全国新华书店
印　　刷　深圳市雅佳图印刷有限公司
开　　本　723 mm × 1020 mm　1/16
印　　张　12
字　　数　150 千字
版　　次　2019 年 1 月第 1 版
印　　次　2019 年 1 月第 1 次印刷
书　　号　ISBN 978-7-5388-9876-7
定　　价　48.00 元

Contents 目录

Chapter 1
让蛋糕变得更美味

Chapter 2
适合新手的简易蛋糕

Chapter 3

大受好评人气蛋糕

Chapter 4
量身定做创意蛋糕

Chapter 5
不用烤箱速成蛋糕

Chapter 1

让蛋糕变得更美味

成功做一款蛋糕未必是一件难事，但要让做出来的蛋糕口感好、味道棒，也许并不简单。要让蛋糕美味，就要重视相关工具，考虑过程中的细节或技巧，方可善其事。

基本工具 蛋糕制作的基本工具

想要在家里做出好吃的蛋糕，需要准备哪些工具呢？下面介绍几款小工具，准备好这些工具，可以让蛋糕的制作更方便快捷！

手动搅拌器

手动搅拌器适用于打发少量黄油，或者某些不需要打发，把鸡蛋、糖、油混合搅拌匀的环节。

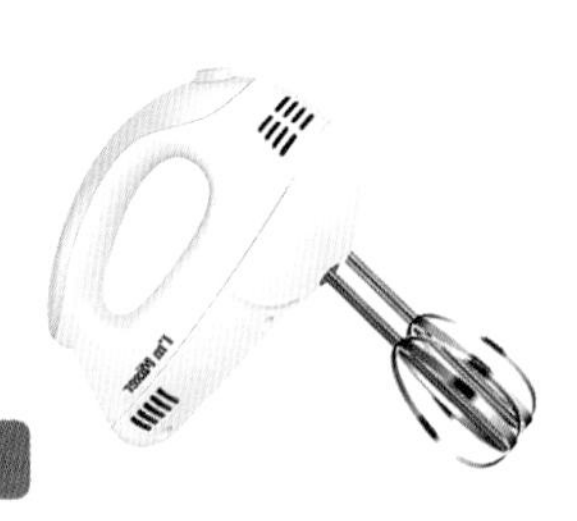

电动搅拌器

电动搅拌器打发速度快，比较省力，使用起来十分方便，全蛋的打发用手动搅拌器很困难，使用电动搅拌器更方便。

电子秤

电子秤又叫电子计量秤，用来称量各式各样的粉类（如面粉、抹茶粉等）、细砂糖等需要准确称量的材料。

长柄刮板

长柄刮板是一种软质、刀状的工具，在粉类和液体类材料混合的过程中起重要作用，在搅拌的同时，它还可以把附着在碗壁上的蛋糕糊刮得干干净净。

裱花袋

裱花袋是形状呈三角形的塑料材质袋子，使用时装入奶油，再在最尖端套上裱花嘴或直接用剪刀剪开小口，就可以挤出各种纹路的奶油花。

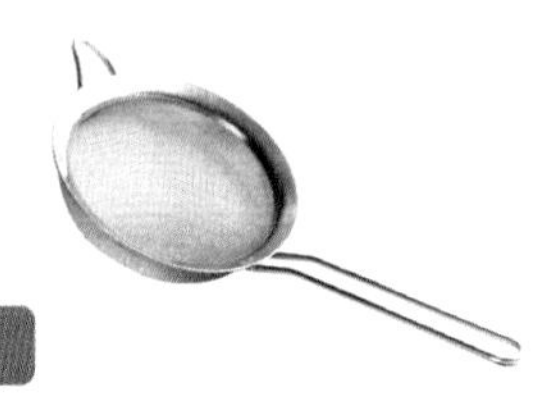

面粉筛

面粉筛一般都是由不锈钢制成的，是用来过滤面粉的烘焙工具，面粉筛底部都是漏网状的，可以用于过滤面粉中含有的其他杂质。

奶油抹刀

奶油抹刀一般用于在蛋糕裱花时涂抹奶油或抹平奶油，或在食物脱模的时候分离食物和模具。一般情况下，需要刮平和抹平的地方，都可以使用奶油抹刀。

烘焙油纸

烘焙油纸可在烤箱内烘烤食物时垫在食物底部，防止食物粘在模具上面导致清洗困难。

慕斯圈

慕斯圈用于慕斯或提拉米苏等需要冷藏的蛋糕的定型。用保鲜膜包裹住慕斯圈的底部，再放入烤好的蛋糕体和慕斯液，放入冰箱冷藏即可。

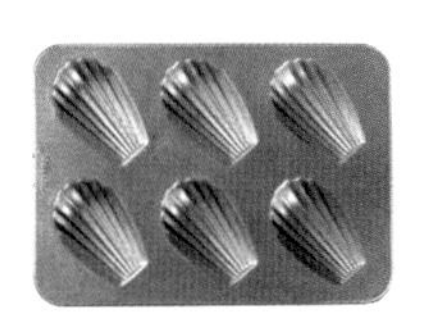

玛德琳模具

玛德琳模具是制作玛德琳蛋糕的模具，使用时在模具上涂抹少许黄油，将制作好的面糊倒入模具中，烘烤完毕后即可得到贝壳般可爱的玛德琳蛋糕。

蛋糕转盘

蛋糕转盘一般为铝合金材质。在用抹刀涂抹蛋糕坯时，蛋糕转盘可边涂抹边转动，在制作蛋糕时能够节省时间。

戚风蛋糕模

戚风蛋糕模是做戚风蛋糕必备的用具，一般为铝合金制，圆筒形状，多带磨砂感。制作蛋糕时将戚风蛋糕液倒入模具中，烘烤时就可以帮助蛋糕“爬升”膨胀。

活底蛋糕模具

活底蛋糕模具在制作蛋糕时使用频率较高，喜欢制作蛋糕者可以常备。“活底”更方便蛋糕烤好后的脱模步骤，以保证蛋糕的完整性，非常适合新手使用。

蛋糕纸杯

蛋糕纸杯是在做小蛋糕时使用的。使用相应形状的蛋糕纸杯能够做出相应形状的蛋糕，很适合制作儿童喜爱的小糕点。

基本材料

蛋糕制作的基本材料

市场上的烘焙食材多种多样，想要做出美味的蛋糕，我们需要哪些食材呢？下面介绍的是蛋糕制作所需要的一些基本材料！

低筋面粉

低筋面粉颜色较白，用手抓易成团，不易松散，蛋白质含量为 7.5% 左右，吸水量为 49% 左右，适量添加在蛋糕的制作中，可以使蛋糕的口感更松软。

绿茶粉

绿茶粉是一种细末粉状的绿茶，它保留了茶叶原有的营养成分，可以用来制作蛋糕。

可可粉

可可粉是可可豆经过各种工序加工后得到的褐色粉状物。可可粉有其独特的香气，可用于制作蛋糕。

巧克力

巧克力主要是由可可豆加工而成的，其味道微苦，通常用于制作蛋糕。

糖粉

糖粉一般为白色的粉末状，颗粒非常细小，可直接用粉筛过滤撒在蛋糕表面做装饰。

细砂糖

细砂糖是一种结晶颗粒较小的糖，因为其颗粒细小，通常用于制作蛋糕或饼干。适当地食用细砂糖有利于提高人体对钙的吸收，但也不宜多吃。

吉利丁

吉利丁又称明胶或鱼胶，是从动物骨头中提取出来的胶质，通常呈黄褐色、透明状，在使用前需要将其用水泡软。通常用于制作慕斯蛋糕。拌到慕斯液的制作过程中，起到凝固作用。

黄油

黄油即从牛奶中提炼出来的油脂，可分为有盐黄油和无盐黄油。本书中制作的产品均使用无盐黄油。黄油通常需要冷藏储存，使用时要提前取出室温软化。若温度超过 34℃，黄油会呈现为液态。

牛奶

牛奶是从雌性奶牛身上挤出的液体，被称为“白色血液”。其味道甘甜，含有丰富的蛋白质、乳糖、维生素、矿物质等，营养价值极高。

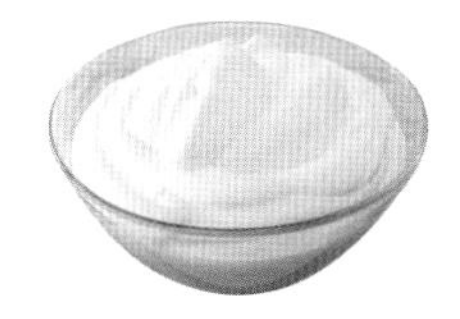

淡奶油

淡奶油即动物奶油，脂肪含量通常在30%~35%，打发后可作为蛋糕的奶油装饰，也可作为制作原料直接加入到蛋糕体制作中。淡奶油日常需要冷藏储存，使用时再从冰箱拿出，否则可能出现无法打发的情况。

奶油奶酪

奶油奶酪是牛奶浓缩、发酵而成的奶制品，具有高含量的蛋白质和钙，人体更易吸收。奶油奶酪日常需要密封冷藏储存，通常呈现淡黄色，具有浓郁的奶香味，是制作奶酪蛋糕的常用材料。

泡打粉

泡打粉又称复合膨松剂、发泡粉和发酵粉，是由小苏打粉加上其他酸性材料制成的，能够通过化学反应使蛋糕快速变得蓬松、软化，增强蛋糕的口感。因所含化学物质较多，要避免长期食用。

制作技巧 超实用的蛋糕制作小技巧

如果想制作出美味的蛋糕，您可能需要知道一些蛋糕制作的小技巧。快来看一看，帮助初学烘焙的您快速上手。

如何打发全蛋？

因为蛋黄含有脂肪，所以较难打发。在打发时，可借助隔水加热，将温度控制在 38℃左右；若超过 60℃，则可能将蛋液煮熟。加入砂糖后，先用手动搅拌器立刻搅拌均匀，随后用电动搅拌器快速搅拌至蛋液纹路明显、富有光泽。

粉类材料如何搅拌？

在筛入粉类后，不可过快地搅拌面糊。要采用轻柔的手法，用长柄刮板将面糊从下往上舀起，一直重复此动作，直至粉类物质完全融合，形成有光泽的蛋糕糊。此方法可减少对蛋糕糊气泡的破坏，使蛋糕口感更细腻。

制作蛋糕的植物油能否用其他油代替？

可用一般可食用的液态油代替；但为了保证蛋糕的口感和味道，应尽量选择气味较淡的油，避免选择花生油、芝麻油等味道较重的油，在蛋糕中添加适量的油脂可起到使蛋糕口感更松软的效果。

如何判断蛋糕是否烤熟？

首先，观察颜色，烤好的蛋糕外观是金黄色而非浅黄色。然后将竹签或针状物插入蛋糕体内，若会粘黏材料则是没有烤熟；不会粘黏材料，就代表已经烤熟了。

如何使海绵蛋糕不塌陷？

海绵蛋糕出炉后出现塌陷的状况是许多制作者都可能遇到的问题，采用以下两种方法可以有效减少塌陷。其一，蛋糕出炉后要放到桌面震荡几下，震出蛋糕中的水汽；其二，将蛋糕倒扣在散热架上，利用地心引力减少蛋糕的塌陷，保持蛋糕表面平坦。

如何避免磅蛋糕水油分离？

水油分离是磅蛋糕制作过程中的常见问题，为避免水油分离需要注意以下几点：首先，在加入鸡蛋时，不能一次性加入，要分次分量，以便更好地融合；其次，倒入粉类后不能过度搅拌。如果还是不可避免地出现了水油分离的现象，可再加入面粉总量的 1/2 的面粉，继续搅拌，进行补救。

如何避免戚风蛋糕的回潮现象？

戚风蛋糕的回潮现象通常来源于两个原因：其一是蛋糕面糊在制作完成后，没有及时烘烤，导致面糊已经消泡；其二是在烘烤过程中，温度不够或烘烤时间不足，导致蛋糕没有充分烤熟烤透。适当延长烘烤时间或将温度调高约 10℃即可。

基本制作

基础蛋糕的制作：
戚风蛋糕和海绵蛋糕

不同的蛋糕有不同的做法，下面主要为大家介绍两种基础蛋糕的制作，学会了这些，可以让您在做其他蛋糕时更轻松！

戚风蛋糕的制作

材料

蛋白 140 克

细砂糖 140 克

塔塔粉 2 克

泡打粉 2 克

蛋黄 60 克

清水 30 毫升

食用油 30 毫升

低筋面粉 70 克

玉米淀粉 55 克

做法

1 取一个容器，加入蛋黄、水、食用油、低筋面粉、玉米淀粉、30克细砂糖、泡打粉，拌匀。

2 将蛋白、110克细砂糖、塔塔粉倒入另一容器，用电动搅拌器搅拌成鸡尾状。

3 将拌好的蛋白部分加入到蛋黄里，搅拌均匀。

4 将搅拌好的面糊倒入模具中。

5 将模具放入烤箱内以上火180℃、下火160℃烤25分钟。

6 待25分钟后，取出模具放凉，即成戚风蛋糕体。

海绵蛋糕的制作

材料

鸡蛋 4 个
低筋面粉 125 克
细砂糖 112 克
清水 50 毫升
色拉油 37 毫升
蛋糕油 10 克

做法

1 将鸡蛋倒入碗中，放入细砂糖打发至起泡。

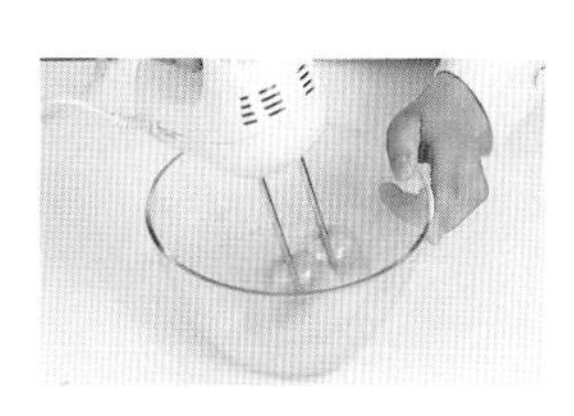

2 加清水、低筋面粉、蛋糕油，用电动搅拌器打发。

3 加入色拉油，搅拌匀，制成面糊。

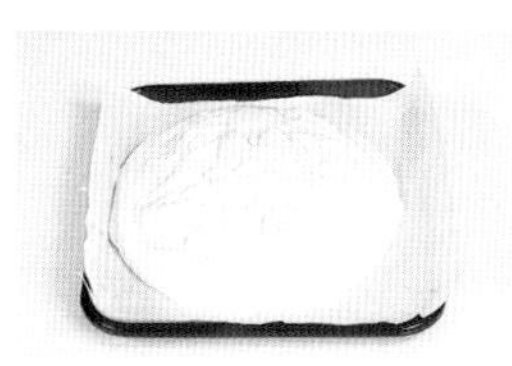

4 取烤盘，铺上烘焙纸，倒入面糊，用刮板将面糊抹匀。

5 将烤盘放入烤箱中，以上火170℃、下火190℃，烤20分钟至熟。

6 取出烤盘，即成海绵蛋糕体。

Chapter 2

适合新手的简易蛋糕

做任何事情都遵循一个基本的规律，即由易到难，做蛋糕也是这样。作为新手，挑几款易上手的蛋糕来尝试一下，既能快速熟悉其中的操作过程，又能快速品尝到亲手制作的美味，从而深切体会到制作蛋糕带来的喜悦和幸福感。

贝壳蛋糕

烘烤时间：13 分钟　烤箱温度：上、下火 180℃

难易度 ★☆☆

材料（分量：6个）

低筋面粉100克
无盐黄油100克
全蛋（2个）110克
橙皮丁25克
细砂糖60克
泡打粉3克

制作步骤

全蛋打发

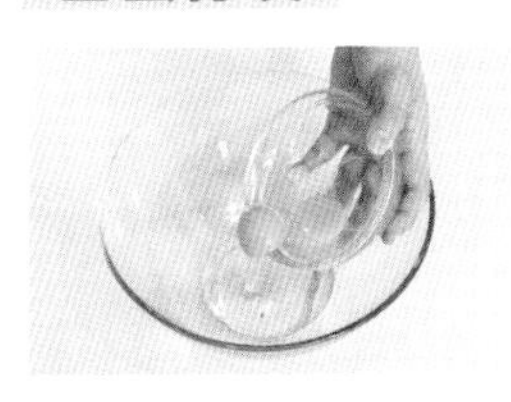

1 将全蛋倒入干净的大玻璃碗中。

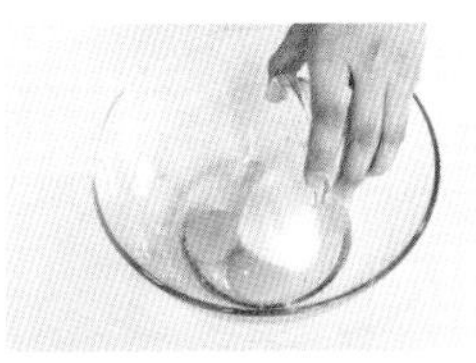

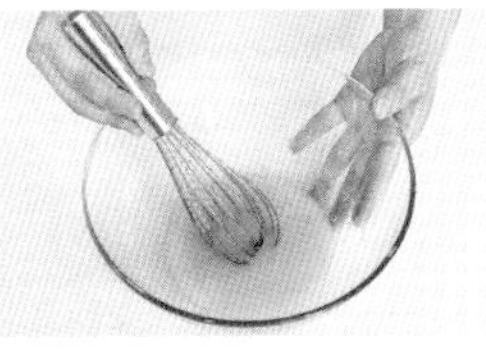

2 加入细砂糖，用手动搅拌器搅拌均匀。

制作蛋糕糊

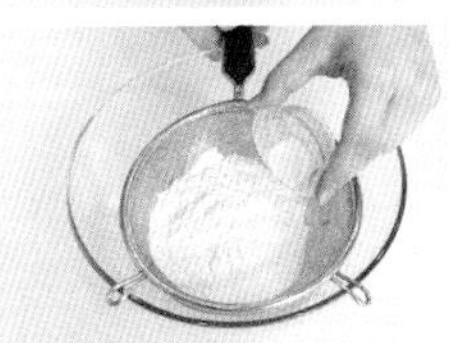

3 将低筋面粉、泡打粉过筛至大玻璃碗中。

4 用手动搅拌器搅拌至无干粉状态，制成面糊。

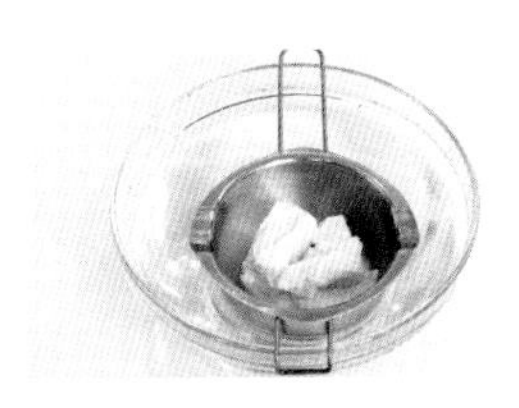

5 将无盐黄油倒入不锈钢锅中，再隔热水搅拌至熔化。

6 将熔化的无盐黄油倒入面糊中，用手动搅拌器搅拌均匀。

7 倒入橙皮丁，用橡皮刮刀翻拌均匀，制成蛋糕糊。

入模烘烤

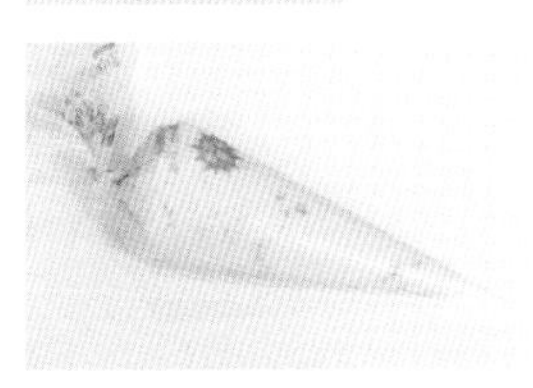

8 将蛋糕糊装入裱花袋里，用剪刀在裱花袋尖端处剪一个小口。

9 取玛德琳模具，刷上少许的无盐黄油，挤上蛋糕糊，放入烤盘。

10 将烤盘放入已预热至180℃的烤箱中层，烤约13分钟即可。

猫爪小蛋糕

◷ 烘烤时间：20 分钟　　烤箱温度：上、下火 160℃

难易度
★☆☆

材料（分量：5个）

鸡蛋（4个）240克
细砂糖90克
低筋面粉140克
泡打粉4克
可可粉5克
无盐黄油70克

制作步骤

熔化黄油

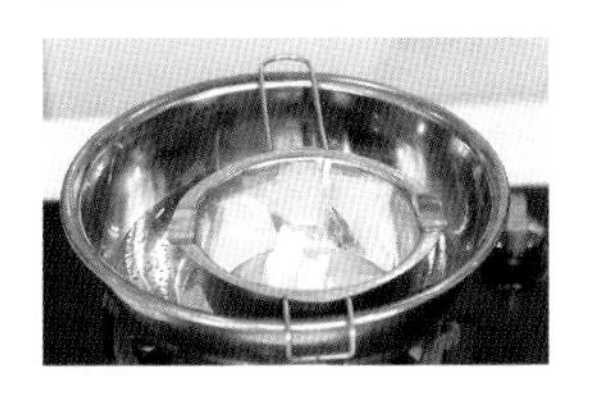

1 无盐黄油隔水熔化，放置一旁待用。

制作蛋糕糊

2 在搅拌盆中倒入鸡蛋，分3次边搅拌边加入细砂糖，搅拌至无颗粒状。

3 倒入过筛的低筋面粉，加入泡打粉。

4 倒入可可粉，搅拌均匀，使面糊呈棕色。

5 倒入熔化的无盐黄油，搅拌均匀，使面糊呈现光滑状态。

☆不要过度搅拌，否则会起筋，影响口感。

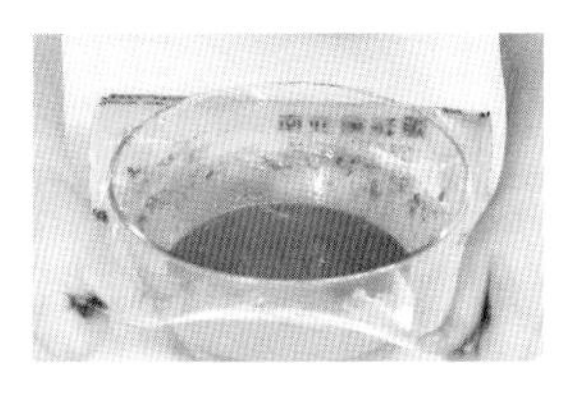

6 用保鲜膜封起来，静置半小时，可使口感更细腻。

入模烘烤

7 揭开保鲜膜，将面糊装入裱花袋中。

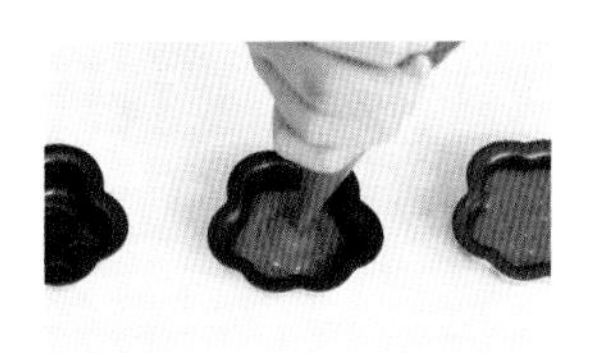

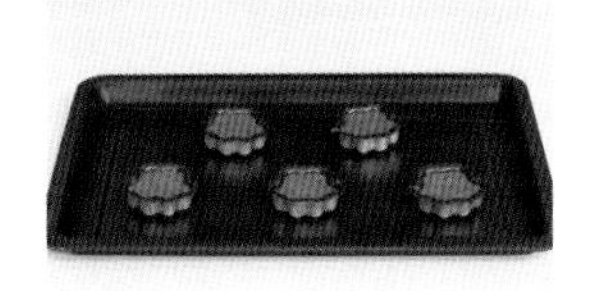

8 将面糊垂直挤入猫爪蛋糕模具中，至八分满，再将模具放入烤盘中。

☆将面糊注入蛋糕模之前记得要在模具内层刷一层无盐黄油，脱模的时候蛋糕才可以轻易脱出，不会粘连。

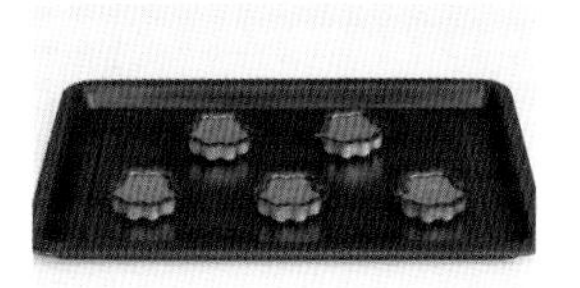

9 烤箱以上、下火160℃的温度预热，将烤盘放入烤箱中层，烘烤约20分钟，取出后待其冷却，用手即可脱模。

什锦果干芝士蛋糕

烘烤时间：35 分钟　烤箱温度：上、下火 170℃

难易度 ★★☆

材料（分量：1个）

什锦果干70克
核桃仁30克
白兰地80毫升
奶油奶酪125克
无盐黄油50克
细砂糖50克
鸡蛋75克
牛奶30毫升
低筋面粉120克
泡打粉2克
盐1克

制作步骤

预先准备

1 将什锦果干洗净，用白兰地浸泡一夜。

制作蛋糕糊

2 将室温软化的奶油奶酪倒入搅拌盆中。

☆其他冷藏材料，如蛋、乳制品等，最好也能够回温后使用。

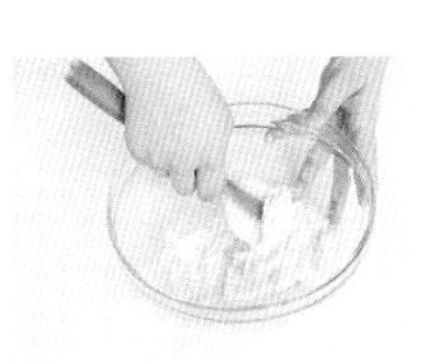

3 加入细砂糖，充分搅拌均匀。

4 加入室温软化的无盐黄油，继续搅拌至无颗粒状态。

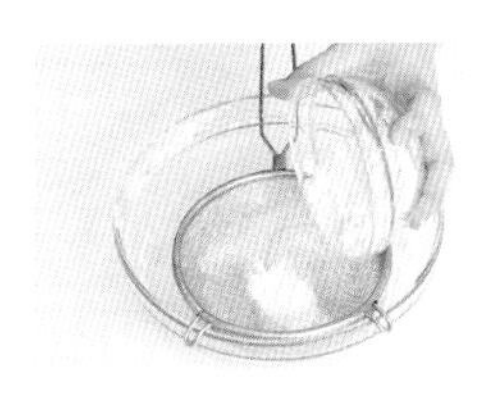

5 筛入低筋面粉及泡打粉，加入盐，搅拌均匀。

6 分两次倒入鸡蛋，搅拌均匀。

7 加入牛奶，搅拌均匀。

8 放入浸泡后的什锦果干、核桃仁，搅拌均匀，制成蛋糕糊。

入模烘烤

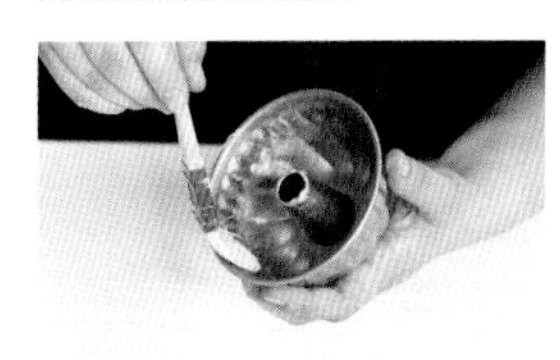

9 在模具内部涂抹一层黄油。

10 将蛋糕糊倒入其中，放进预热至170℃的烤箱中烘烤约35分钟。

☆面糊烘烤受热后会膨胀，填入面糊至八分满即可。

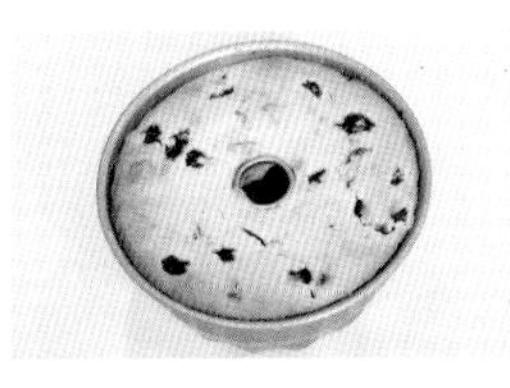

11 烤至蛋糕表面金黄，取出，放凉，脱模即可。

香橙椰丝蛋糕

◷ 烘烤时间：30 分钟　　烤箱温度：上、下火 180℃

难易度 ★☆☆

材料（分量：2个）

无盐黄油120克
细砂糖50克
蜂蜜30克
盐2克
全蛋（1个）55克
高筋面粉50克
低筋面粉75克
泡打粉2克
浓缩橙汁30克
淡奶油15克
君度橙酒20毫升
椰丝5克

制作步骤

制作蛋糕糊

1 将无盐黄油、细砂糖倒入大玻璃碗中。

2 倒入蜂蜜，用橡皮刮刀翻拌均匀。

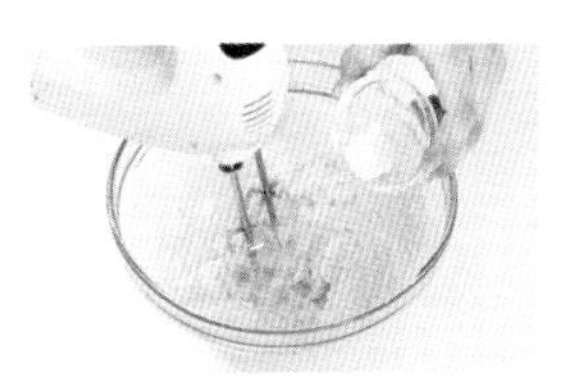

3 改用电动搅拌器搅打均匀，倒入盐，搅打均匀。

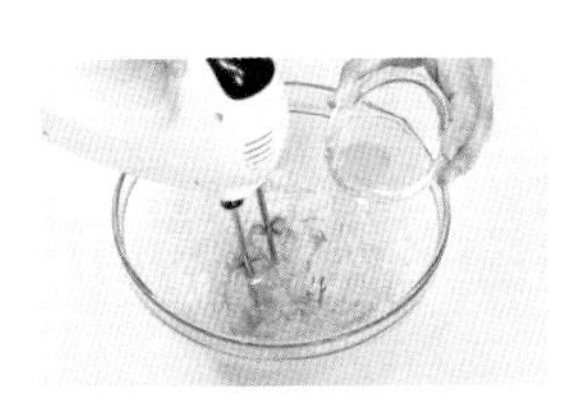

4 分两次倒入全蛋，搅打均匀。

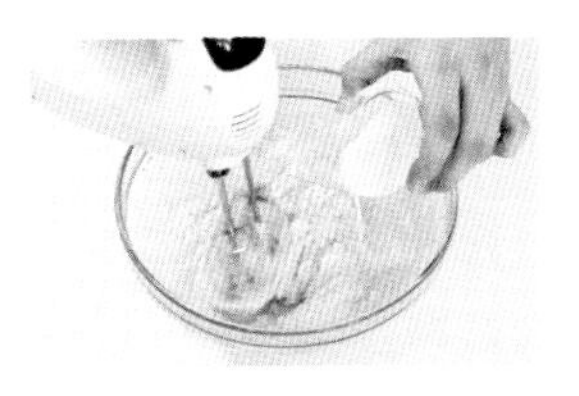

5 缓慢倒入淡奶油，搅打均匀。

6 倒入浓缩橙汁，搅打均匀。

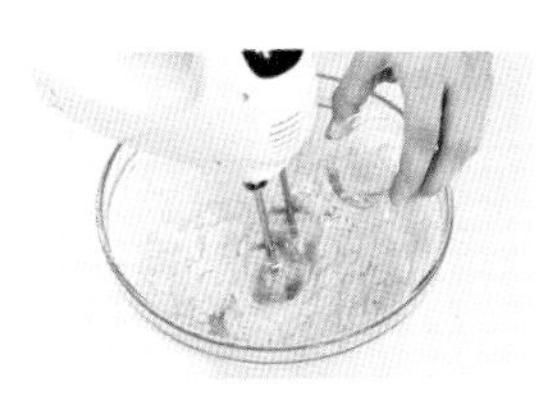

7 倒入君度橙酒，搅打均匀。

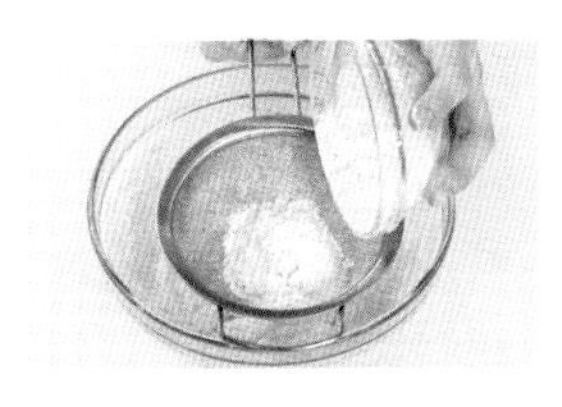

8 将低筋面粉、泡打粉、高筋面粉过筛至碗里。

9 用橡皮刮刀翻拌成无干粉的面糊，制成蛋糕糊。

入模烘烤

10 取蛋糕模具，刷上少许黄油，均匀沾上少许低筋面粉。

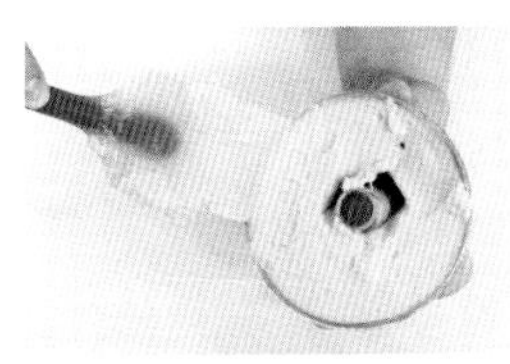

11 将蛋糕糊装入蛋糕模具里，用橡皮刮刀抹平。

12 放入已预热至180℃的烤箱中层，烤约30分钟，取出烤好的蛋糕，稍稍放凉后脱模，撒上椰丝即可。

巧克力玛芬

烘烤时间：25 分钟　烤箱温度：上、下火 185℃

难易度
★☆☆

材料（分量：6个）

低筋面粉140克
全蛋（2个）110克
无盐黄油69克
牛奶100毫升
细砂糖50克
盐1克
巧克力豆15克

制作步骤

打发黄油和鸡蛋

1 将无盐黄油、细砂糖倒入大玻璃碗中。

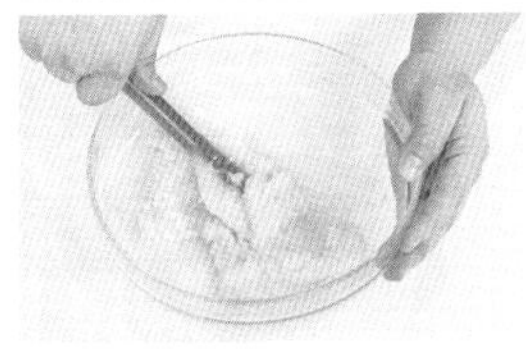

2 加入盐，用橡皮刮刀翻拌均匀。

☆用橡皮刮刀翻拌时可适当用力，使黄油能充分吸收细砂糖。

3 分两次倒入全蛋，均用电动搅拌器搅打均匀。

☆搅拌打发时，可以用隔水加热的方式搅拌，以加速实现蛋的起泡。

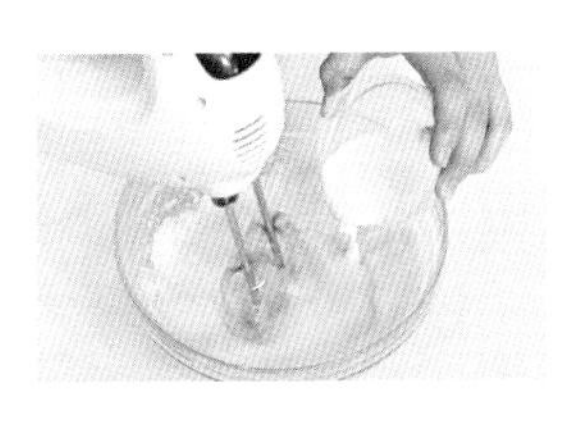

4 倒入牛奶，边倒边用电动搅拌器搅打均匀。

制作面糊

5 再将低筋面粉过筛至碗里。

6 用橡皮刮刀翻拌成无干粉的面糊。

7 将面糊装入裱花袋里，用剪刀在裱花袋尖端处剪一个小口。

入模烘烤

8 取烤盘，放上蛋糕模具，放入纸杯，再逐一挤入面糊。

9 均匀撒上巧克力豆，轻震几下。

10 将烤盘放入已预热至185℃的烤箱中层，烤约25分钟，取出脱模即可。

蓝莓玛芬蛋糕

烘烤时间：25 分钟　烤箱温度：上、下火 180℃

材料（分量：6个）

酥皮

无盐黄油25克
糖粉25克
低筋面粉50克

蛋糕糊

低筋面粉140克
无盐黄油65克
全蛋（1个）55克
蓝莓80克
淡奶油100克
柠檬皮屑5克
细砂糖60克
盐1克
泡打粉2克

制作步骤

制作酥皮

1 将无盐黄油、糖粉倒入大玻璃碗中，用橡皮刮刀拌匀。

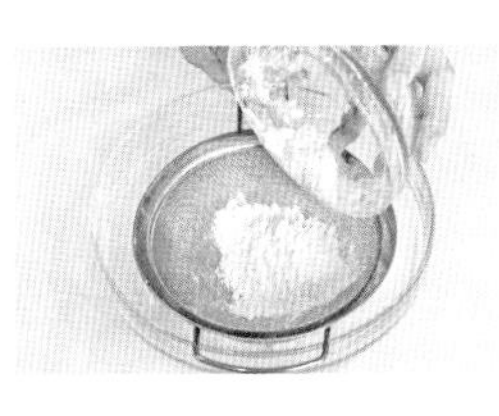

2 将低筋面粉过筛至碗里，用橡皮刮刀翻拌均匀成面团，制成酥皮。

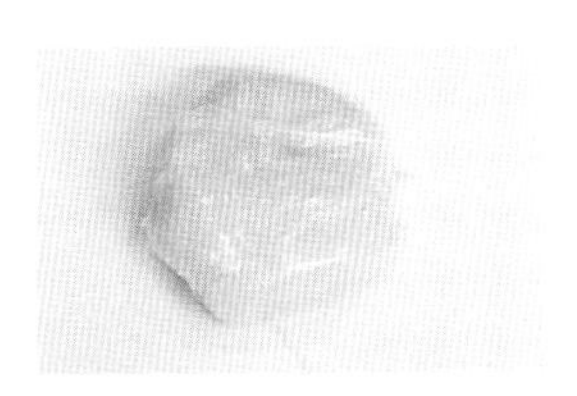

3 用保鲜膜包住酥皮，静置片刻，去掉保鲜膜，切成粒。

制作蛋糕糊

4 将无盐黄油、细砂糖、盐倒入干净的大玻璃碗中，用橡皮刮刀拌匀。

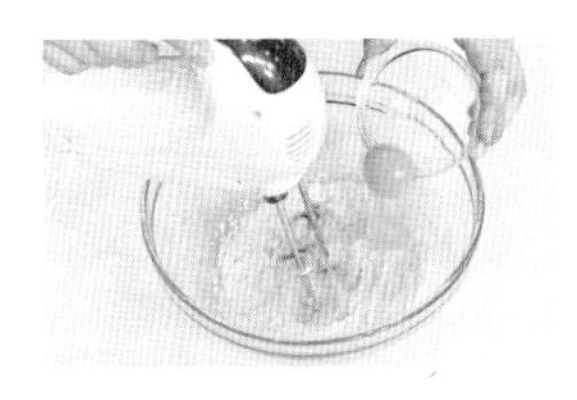

5 改用电动搅拌器，边倒入全蛋，边搅打均匀。

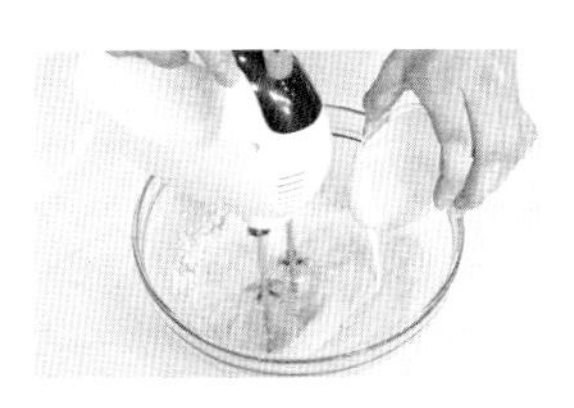

6 边倒入淡奶油，边搅打均匀。

7 倒入柠檬皮屑，用橡皮刮刀搅拌均匀。

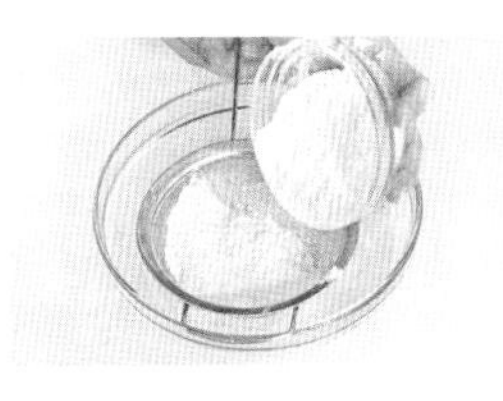

8 将低筋面粉过筛至碗里，再倒入泡打粉，用手动搅拌器搅拌均匀至无干粉的面糊。

9 倒入蓝莓，用橡皮刮刀翻拌均匀，制成蛋糕糊。

入模烘烤

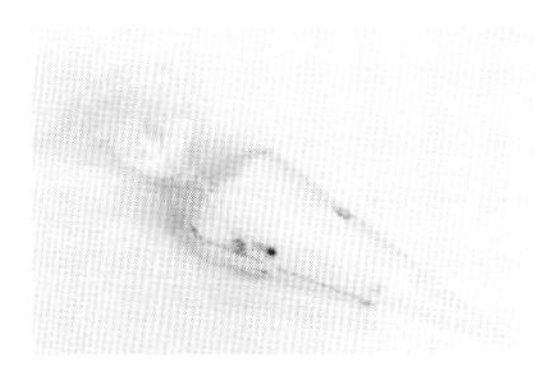

10 将蛋糕糊装入裱花袋里，用剪刀在裱花袋尖端处剪一个小口。

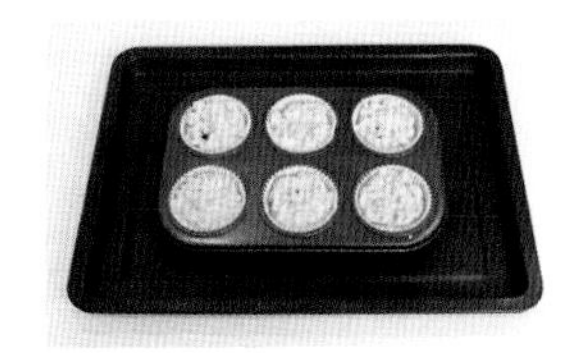

11 取烤盘，放上蛋糕模具，再逐一挤入蛋糕糊，放上酥粒，用叉子将其拨散开。

12 将烤盘放入已预热至180℃的烤箱中层，烤约25分钟即可。

草莓乳酪玛芬

烘烤时间：20 ~ 25 分钟

烤箱温度：上、下火 180℃

难易度 ★☆☆

材料（分量：4个）

奶油奶酪100克
无盐黄油50克
细砂糖70克
鸡蛋100克
低筋面粉120克
泡打粉2克
浓缩柠檬汁5毫升
草莓块适量

制作步骤

打发黄油

1 将奶油奶酪放入搅拌盆中。

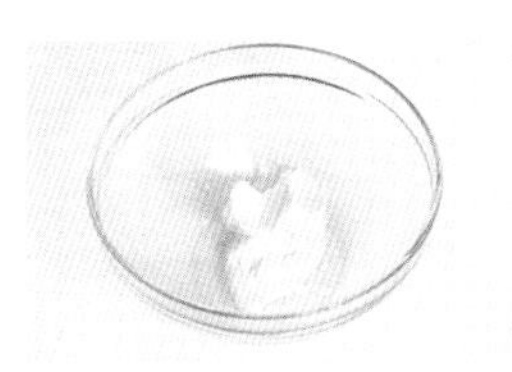

2 加入无盐黄油。

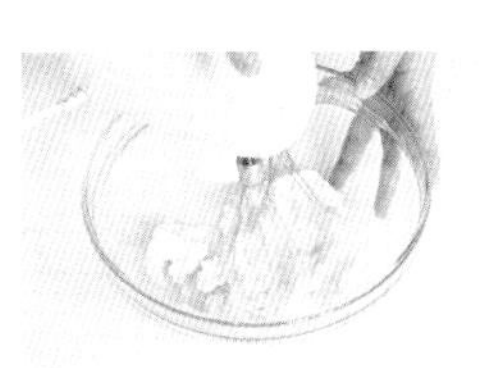

3 用电动搅拌器将碗中材料搅打均匀。

4 倒入细砂糖。

5 继续搅打至蓬松，呈羽毛状。

制作蛋糕糊

6 分次加入鸡蛋，搅拌均匀。

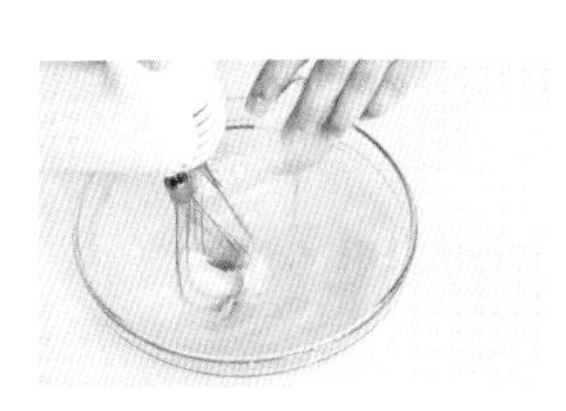

7 加入柠檬汁，继续搅拌均匀。

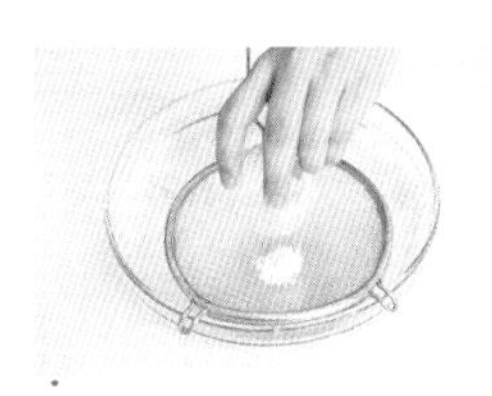

8 再筛入低筋面粉、泡打粉。

9 用手动搅拌器搅拌均匀，制成蛋糕糊。

入模烘烤

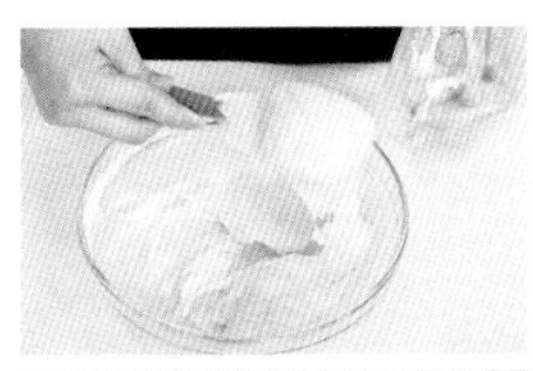

10 将蛋糕糊装入裱花袋，垂直挤入蛋糕纸杯中，至七分满。

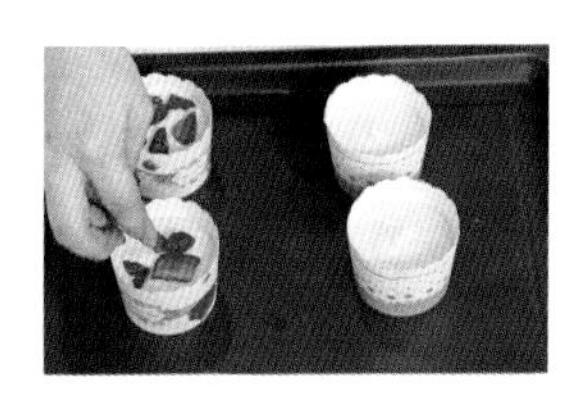

11 在表面放上少许草莓块。

12 放入预热至180℃的烤箱中，烘烤20～25分钟，取出即可。

水果蛋糕

◷ 烘烤时间：15 分钟　　烤箱温度：上、下火 190℃

难易度
★★☆

材料（分量：6个）

Ⓐ 黄油115克
糖粉125克
盐1克
蛋黄54克

Ⓑ 蛋白54克
糖粉15克

Ⓒ 牛奶60毫升
香草粉3克

Ⓓ 低筋面粉206克
泡打粉2克

Ⓔ 朗姆酒10毫升
肉桂粉2克
水果蜜饯100克

Ⓕ 淡奶油适量
透明果胶适量
草莓块适量

制作步骤

材料A打发

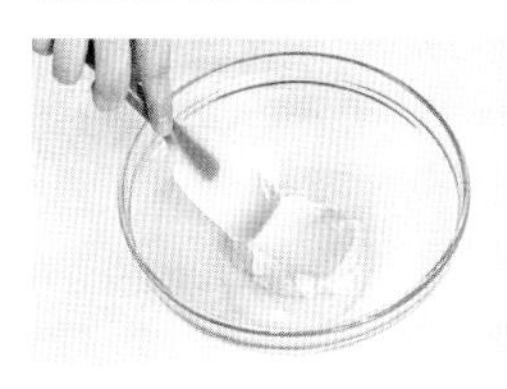

1 将材料A中的黄油倒入大碗中。

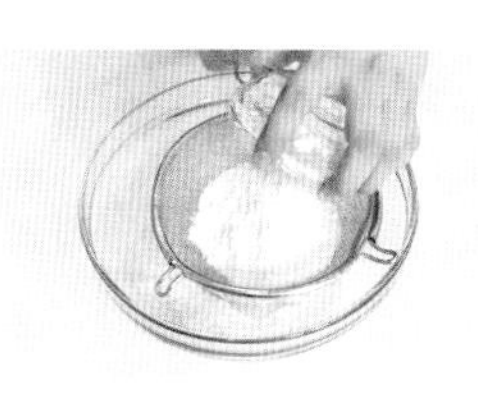

2 将材料A中的糖粉过筛至碗里，用电动搅拌器搅打至无干粉状态。

3 加入材料A中的盐、蛋黄，搅打均匀，制成蛋黄糊。

材料B打发

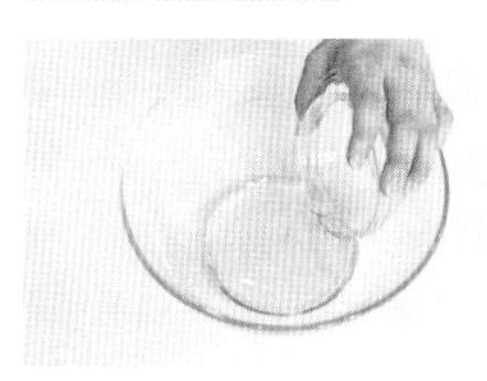

4 将材料B中的蛋白倒入另一个大碗中，用电动搅拌器搅打至湿性发泡。

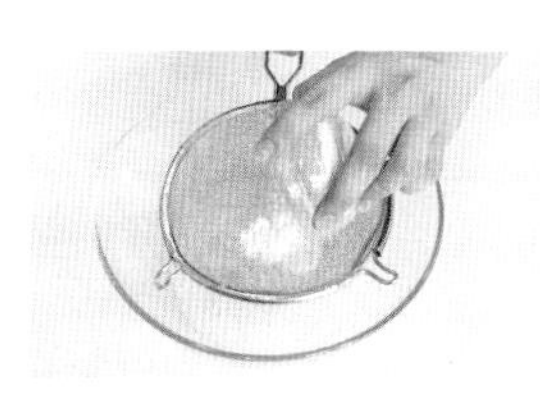

5 倒入材料B中的糖粉，搅打至干性发泡，制成蛋白糊。

制作蛋糕糊

6 将材料C中的牛奶、香草粉倒入蛋黄糊中，搅拌均匀。

7 分2次倒入蛋白糊，搅拌至能挂糊的状态。

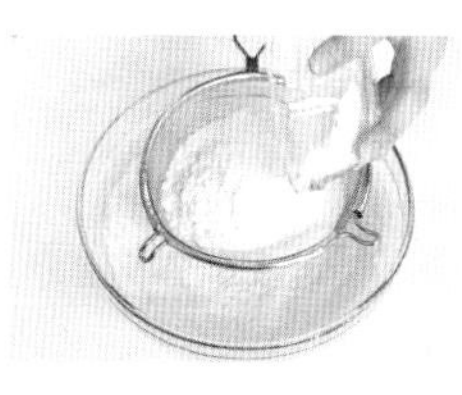

8 筛入材料D中的低筋面粉、泡打粉，拌至材料混合均匀。

9 将材料E中的水果蜜饯、肉桂粉、朗姆酒倒入小碗里拌匀，再倒入面糊中拌匀成蛋糕糊。

入模烘烤

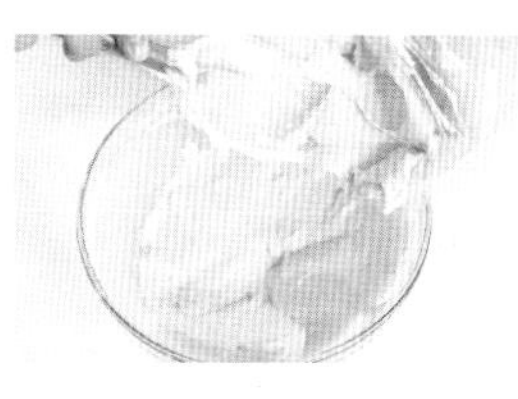

10 将蛋糕糊装入套有裱花嘴的裱花袋，再挤入烤盘上的蛋糕杯内。

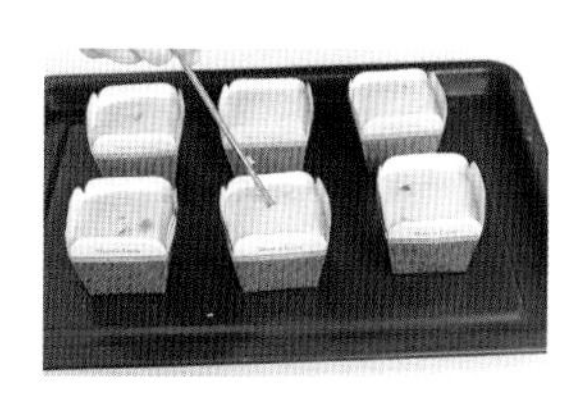

11 将烤盘移入已预热至190℃的烤箱中层，烤约15分钟，用探针判断蛋糕是否熟了。

打发奶油及装饰

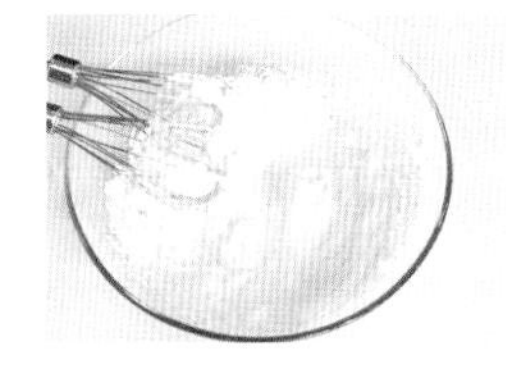

12 将F中的淡奶油打发后挤在刷有透明果胶的蛋糕上，点缀草莓块即可。

大枣芝士蛋糕

烘烤时间：13 分钟　烤箱温度：上、下火 175℃

难易度
★☆☆

材料（分量：6个）

奶油奶酪90克
无盐黄油65克
细砂糖50克
鸡蛋100克
低筋面粉100克
泡打粉2克
大枣糖浆45克
打发淡奶油适量
防潮糖粉适量
薄荷叶少许

制作步骤

打发黄油

1 将奶油奶酪和无盐黄油倒入玻璃碗中，用电动搅拌器低速打发30秒至1分钟。

2 倒入细砂糖继续低速打发2~3分钟。

☆玻璃碗一定要干净，不能有水分，以免影响打发效果。

制作蛋糕糊

3 分次加入鸡蛋，继续打发均匀，再加入大枣糖浆。

☆持续打发至乳化奶油绵密的状态。

4 筛入低筋面粉、泡打粉，用搅拌器搅拌成均匀的蛋糕糊。

5 将蛋糕糊装入裱花袋中，用剪刀在其尖端处剪一小口。

入模烘烤

6 将杯子模具放入玛芬烤盘中，挤入蛋糕糊，至八分满。

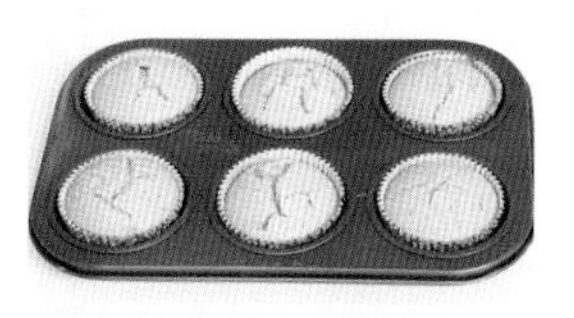

7 将玛芬烤盘放进预热至175℃的烤箱中烘烤约13分钟，取出。

装饰

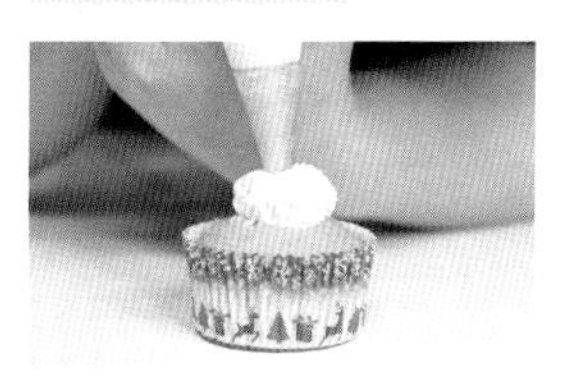

8 将取出的杯子蛋糕放凉后，挤上已打发的淡奶油，再用薄荷叶装饰，最后撒上防潮糖粉即可。

菠萝芝士蛋糕

烘烤时间：60 分钟　烤箱温度：上、下火 170℃

材料（分量：1个）

奶油奶酪150克
细砂糖30克
鸡蛋50克
原味酸奶50克
朗姆酒15毫升
杏仁粉30克
玉米淀粉10克
菠萝果肉150克
蓝莓40克
镜面果胶适量

制作步骤

制作芝士糊

1 将室温软化的奶油奶酪倒入搅拌盆中，加入细砂糖，搅打至顺滑。

☆也可以将细砂糖换成糖粉，蛋糕的口感会更绵软。

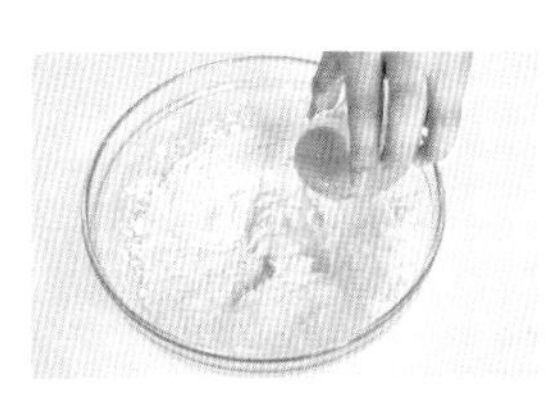

2 分两次加入鸡蛋，用手动搅拌器搅拌均匀。

3 倒入原味酸奶，搅拌均匀。

4 倒入朗姆酒，充分搅拌均匀。

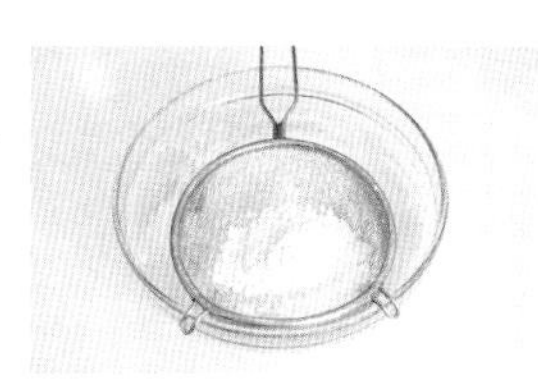

5 筛入杏仁粉和玉米淀粉搅拌均匀，制成芝士糊。

入模烘烤

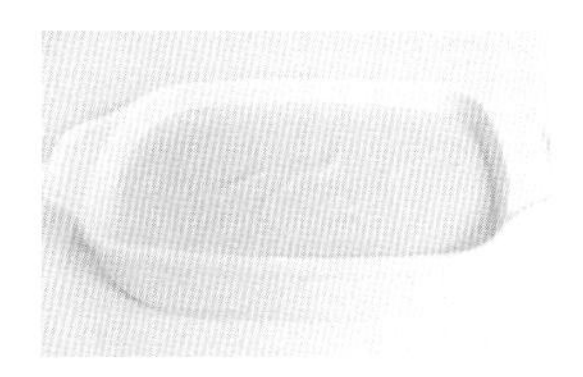

6 均匀倒入陶瓷烤碗中，抹平表面。

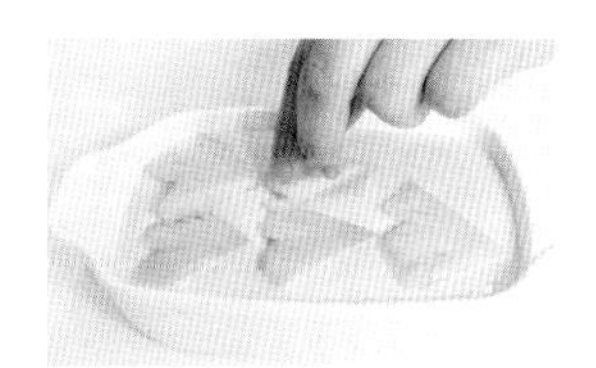

7 将切好的菠萝整齐地摆在芝士糊表面，再插空摆上适量蓝莓。

8 放入预热至170℃的烤箱中，烘烤约60分钟，至表面呈金黄色，取出烤好的蛋糕。

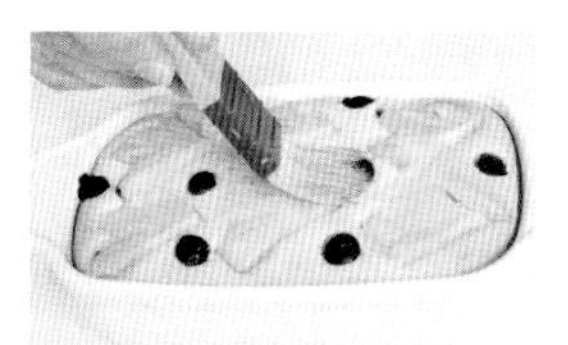

9 在烤好的蛋糕表面刷上镜面果胶即可。

伯爵茶巧克力蛋糕

烘烤时间：15 ~ 18 分钟　烤箱温度：上、下火 165℃

材料（分量：6个）

低筋面粉90克
杏仁粉60克
细砂糖90克
葡萄糖浆30克
盐0.5克
泡打粉2克
鸡蛋3个
无盐黄油130克
伯爵红茶包2包
朗姆酒10毫升
黑巧克力60克
防潮可可粉适量
糖粉适量
涂抹烤模的奶油适量

制作步骤

制作蛋糕糊

1 大玻璃碗中倒入鸡蛋、细砂糖。

2 倒入葡萄糖浆，放入盐，用搅拌器搅拌均匀。

3 同时筛入低筋面粉、杏仁粉。

4 筛入泡打粉，用搅拌器搅拌均匀。

5 加入伯爵红茶粉末，搅拌均匀。

6 倒入朗姆酒，搅拌均匀，制成蛋糕糊。

7 从冰箱中取出无盐黄油，隔水加热至熔化。

8 将无盐黄油倒入蛋糕糊中，搅拌均匀。

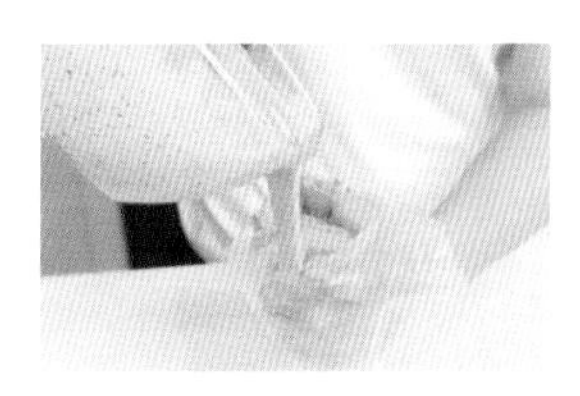

9 将拌好的蛋糕糊装入裱花袋中。

入模烘烤

10 在烤模上涂抹上奶油，倒入约七分满的蛋糕糊。

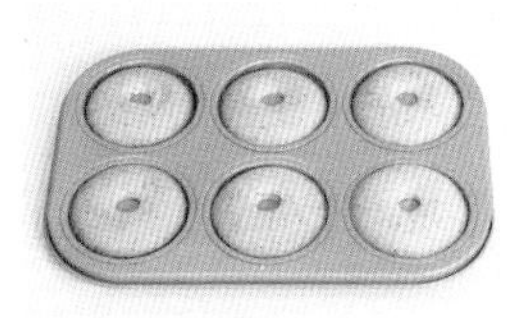

11 将烤模放入预热至165℃的烤箱中烘烤15~18分钟，取出烤好的蛋糕。

装饰

12 将蛋糕脱模，放入盘中，在蛋糕中间挤上一些熔化好的黑巧克力。

13 再撒上防潮可可粉和糖粉装饰即可。

迷你布朗尼

烘烤时间：15 分钟　烤箱温度：上、下火 165℃

难易度
★☆☆

材料（分量：12个）

低筋面粉90克
可可粉10克
黄砂糖50克
葡萄糖浆20克
盐0.5克
泡打粉1克
鸡蛋100克
无盐黄油80克
黑巧克力50克
胡桃适量
杏仁适量
开心果适量
腰果适量

制作面糊

蛋糕体制作

1 将蛋液放入备好的玻璃碗中，加入黄砂糖、葡萄糖浆和盐，搅拌均匀。

2 往玻璃碗中筛入低筋面粉。

3 再同时筛入可可粉和泡打粉。

4 搅拌均匀，制成面糊。

熔化巧克力和黄油

5 将黑巧克力放入小玻璃碗中。

☆如果时间相对充裕，可将巧克力、黄油隔温热水搅拌至熔化，熔化的混合物温度为最佳。

6 加入黄油，放入微波炉中加热至巧克力和黄油完全熔化。

制作蛋糕糊

7 将熔化的巧克力和黄油倒入面糊中，搅拌均匀，制成蛋糕糊。

8 将蛋糕糊装入裱花袋中，用剪刀剪开一个小口。

入模烘烤

9 在模具上涂上少许黄油，再挤入八分满的蛋糕糊。

☆模具内壁的黄油要抹匀，太厚太薄均会对成品有影响。

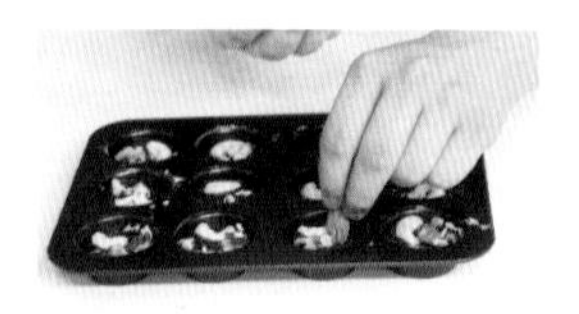

10 放上胡桃、杏仁、开心果、腰果。

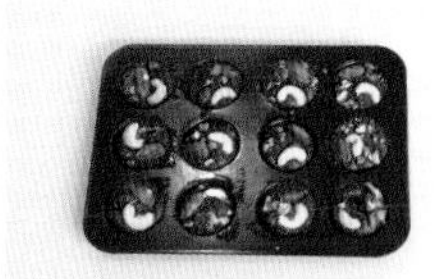

11 放入预热至165℃的烤箱中烘烤约15分钟，取出脱模即可。

☆蛋糕表面可以撒上防潮的可可粉或糖粉。

熔化巧克力VS.可可粉

布朗尼配方一向分为两大派：用熔化巧克力的和用可可粉的。只用可可粉制作的布朗尼口感较韧有嚼劲，同时更干燥易碎；加熔化的巧克力的口感则更柔润。

芝士夹心小蛋糕

烘烤时间：15 分钟　　烤箱温度：上、下火 175℃

难易度 ★★☆

材料（分量：6个）

蛋黄50克
细砂糖40克
植物油15毫升
牛奶15毫升
低筋面粉50克
泡打粉2克

蛋白50克
奶油奶酪80克
柠檬汁12毫升
柠檬皮碎3克
朗姆酒5毫升

制作步骤

制作蛋黄面糊

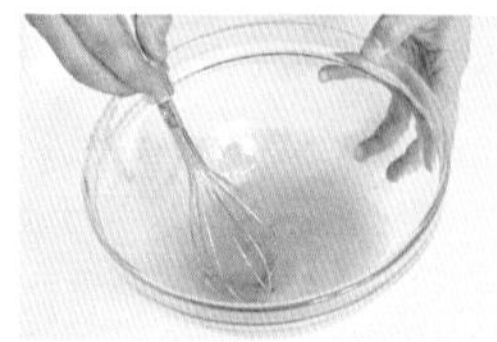

1 将蛋黄及10克细砂糖倒入玻璃碗中，搅拌均匀。

2 倒入植物油及牛奶，搅拌均匀。

3 筛入低筋面粉及泡打粉，搅拌均匀，制成蛋黄面糊。

制作蛋糕糊

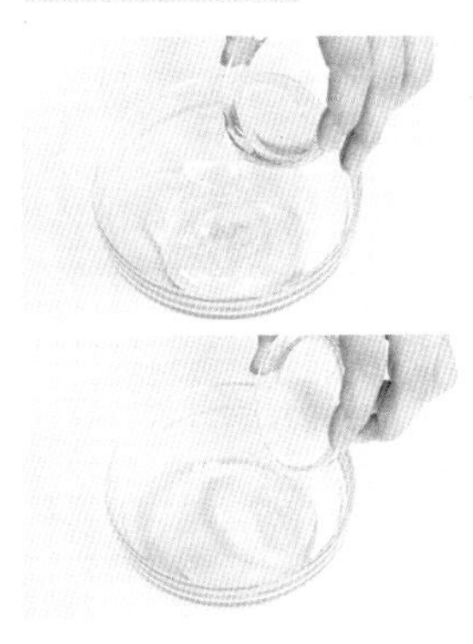

4 将蛋白及20克细砂糖倒入另一个玻璃碗中，倒入5毫升柠檬汁。

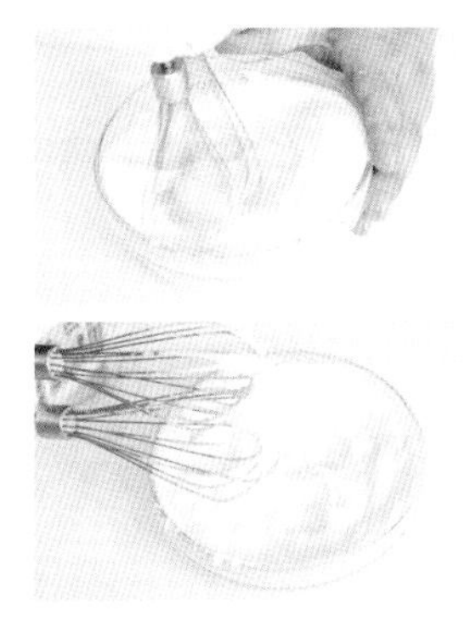

5 用电动搅拌器快速打发，至可提起鹰嘴状，制成蛋白霜。

6 将1/3的蛋白霜倒入蛋黄面糊中，搅拌均匀，再倒回至剩余蛋白霜中，拌匀，制成蛋糕糊。

入模烘烤

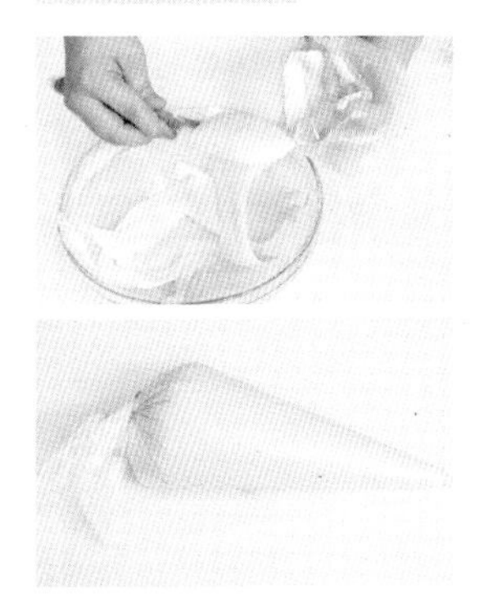

7 将蛋糕糊装入裱花袋，拧紧裱花袋口。

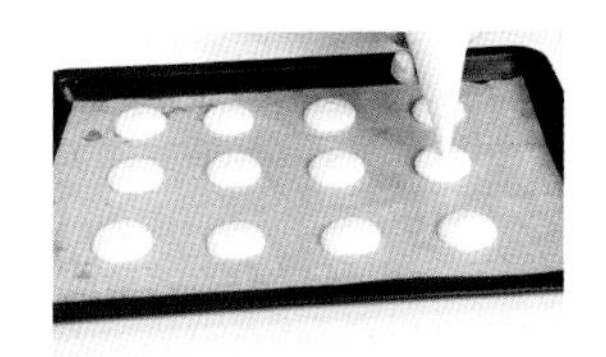

8 在铺好油纸的烤盘上间隔挤出直径约3厘米的小圆饼，放入预热至175℃的烤箱中烘烤约15分钟。

制作夹馅

9 将室温软化的奶油奶酪及10克细砂糖放入新的搅拌盆中，搅打至顺滑。

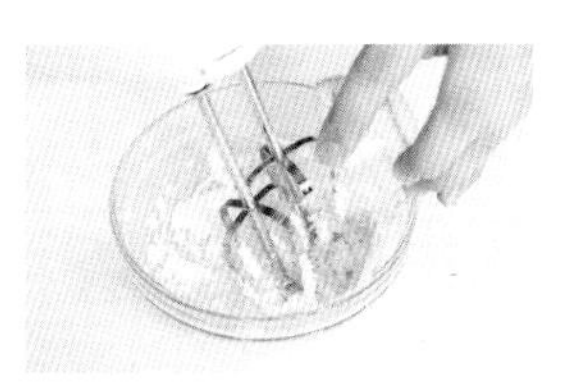

10 倒入柠檬汁7毫升、朗姆酒以及柠檬皮碎，搅拌均匀，制成夹馅，装入裱花袋中。

组合装饰

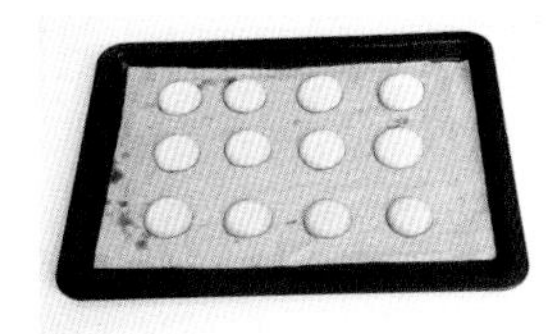

11 取出烤好的蛋糕，放凉。

☆烘焙纸一定要趁热撕，凉了不好撕。

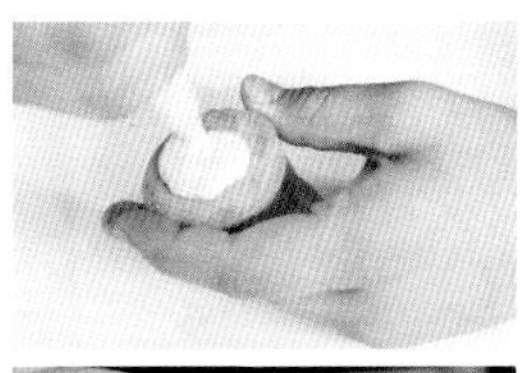

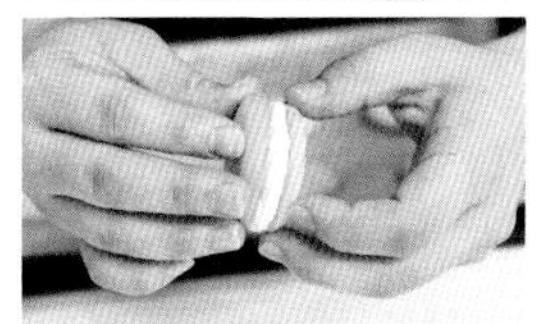

12 在其中一个蛋糕平面挤上一层夹馅，再盖上另一个蛋糕。重复此步骤即可。

杏仁牛油蛋糕

烘烤时间：30 分钟　烤箱温度：上、下火 180℃

材料（分量：1个）

低筋面粉50克
高筋面粉55克
无盐黄油90克
细砂糖50克
蜂蜜30克
全蛋（1个）55克
盐2克
泡打粉2克
白兰地25毫升
淡奶油18克
杏仁片30克
镜面果胶适量

制作步骤

打发黄油

1 将无盐黄油、细砂糖、蜂蜜倒入大玻璃碗中。

☆无盐黄油应提前从冰箱取出使其软化。

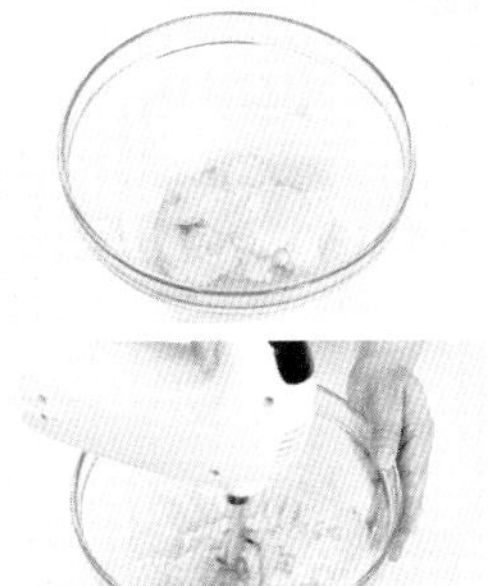

2 用橡皮刮刀翻拌均匀，再用电动搅拌器搅打均匀。

制作蛋糕糊

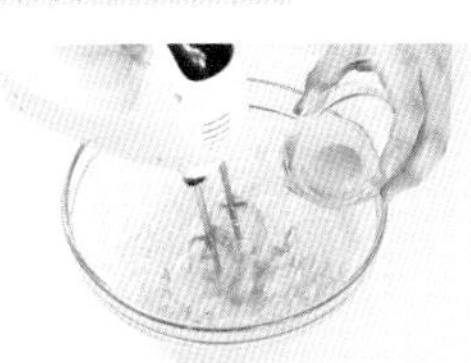

3 边搅打边倒入全蛋，搅打均匀。

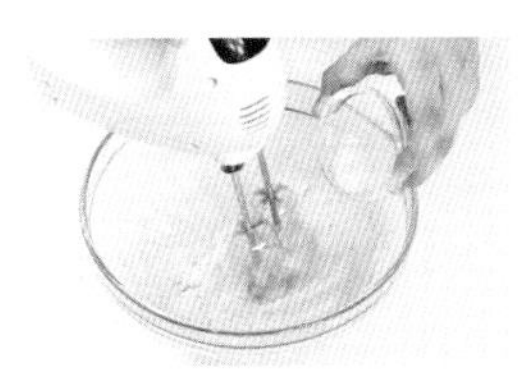

4 倒入盐，搅打均匀。

5 倒入淡奶油，充分搅打均匀。

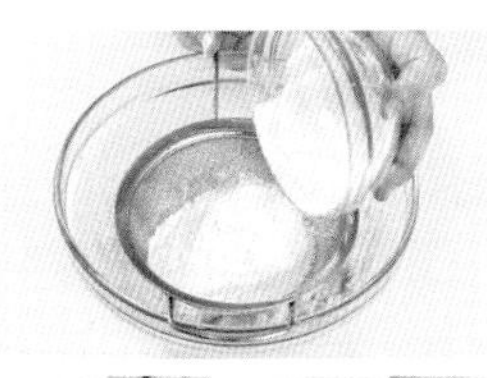

6 将泡打粉、低筋面粉、高筋面粉过筛至碗里，用橡皮刮刀翻拌均匀。

7 倒入白兰地，翻拌至无干粉状。

8 倒入杏仁片，继续拌匀，制成蛋糕糊。

入模烘烤

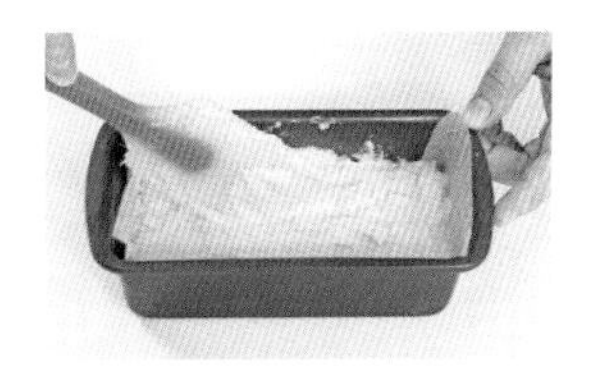

9 取蛋糕模具，倒入蛋糕糊，用橡皮刮刀抹平。

10 放入已预热至180℃的烤箱中层，烘烤约30分钟，取出烤好的蛋糕。

11 将烤好的蛋糕脱模，放入盘中，表面刷上镜面果胶即可。

朗姆酒芝士蛋糕

烘烤时间：25 ~ 30 分钟　烤箱温度：上、下火 170℃

难易度
★☆☆

材料（分量：1个）

饼干底

消化饼干80克
无盐黄油25克

芝士糊

奶油奶酪300克
淡奶油80克
细砂糖60克
朗姆酒120毫升
鸡蛋70克
浓缩柠檬汁30毫升
低筋面粉25克

制作步骤

制作饼干底

1 将消化饼干压碎，倒入碗中，加入无盐黄油，搅拌均匀。

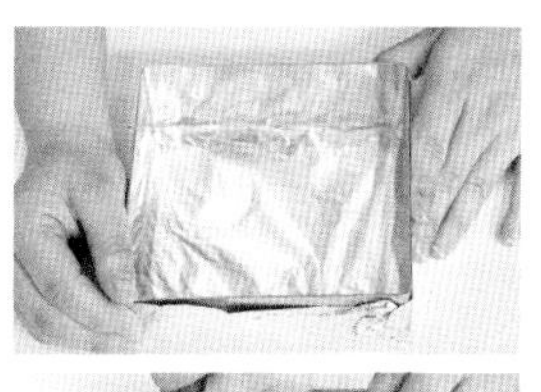

2 将慕斯圈的底部包上锡纸，放入饼干碎，压紧实，放入冰箱，冷藏30分钟。

☆用橡皮刮刀可以更方便地将饼干碎压平整。

制作芝士糊

3 将奶油奶酪及细砂糖倒入搅拌盆中，搅打至顺滑。

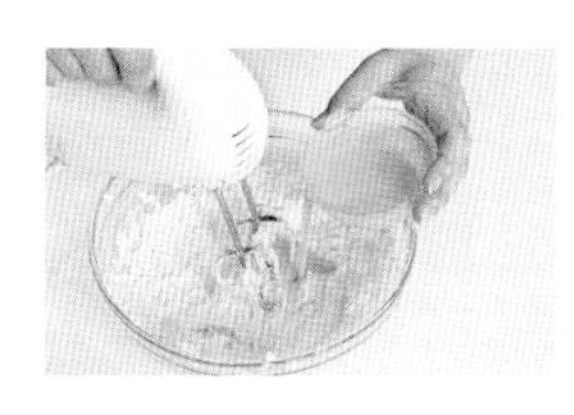

4 倒入打散的鸡蛋，搅拌均匀。

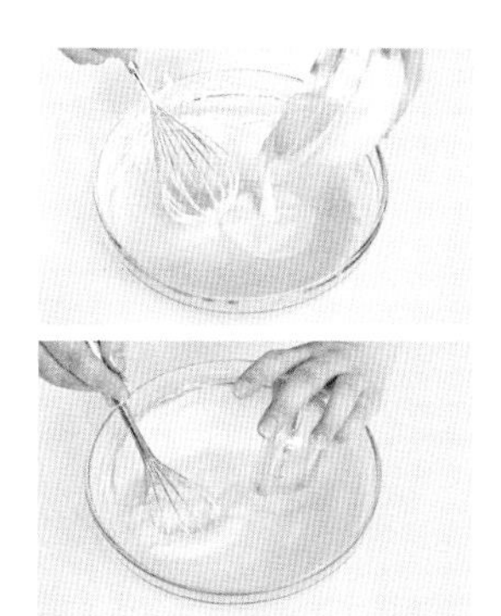

5 依次加入淡奶油、朗姆酒，每放入一样食材都需要搅拌均匀。

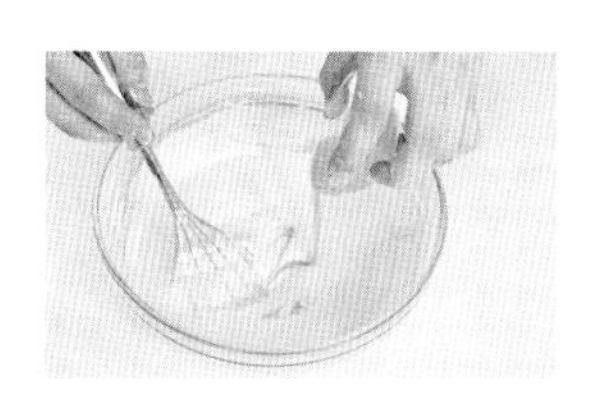

6 加入浓缩柠檬汁，搅拌均匀。

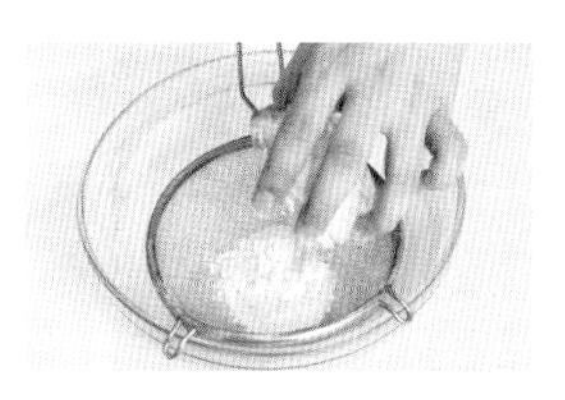

7 筛入低筋面粉，搅拌均匀，制成芝士糊。

烘烤蛋糕

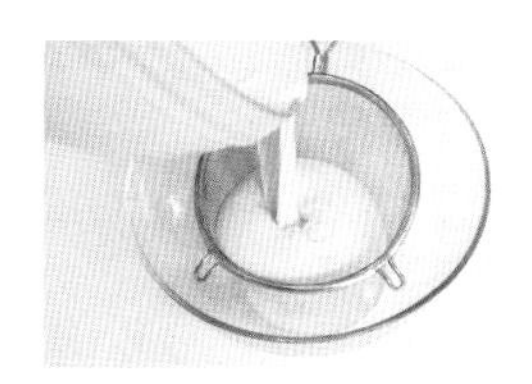

8 将芝士糊筛入干净的搅拌盆中。

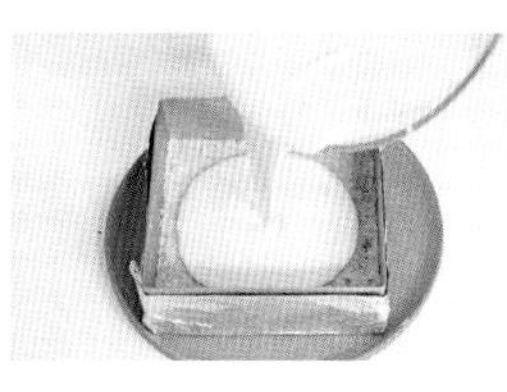

9 取出放有饼干底的慕斯圈，倒入芝士糊，抹平表面。

10 放入预热至170℃的烤箱中，烘烤25～30分钟，出炉放凉，放入冰箱冷藏3小时，取出脱模即可。

大受好评人气蛋糕

人气蛋糕往往做到了口感与颜值相结合，让人看一眼为之心动，尝一口为之陶醉。这里汇集了多款广受好评的蛋糕，也为您呈现了简单唯美的蛋糕装饰造型。

苹果奶酥磅蛋糕

烘烤时间：20 分钟　烤箱温度：上、下火 180℃

难易度 ★★☆

材料（分量：1个）

蛋糕糊

无盐黄油100克
细砂糖80克
鸡蛋2个
低筋面粉100克
泡打粉0.5克

奶酥

无盐黄油6克
细砂糖6克
低筋面粉6克
杏仁粉6克

苹果馅

苹果半个（200克）
无盐黄油7.5克
细砂糖6克
肉桂粉6克

制作步骤

制作苹果馅

1 将苹果去皮去子再切成约1厘米的小碎块。

☆苹果选择熟透的风味更佳。

2 将锅加热，放入无盐黄油，倒入苹果块和细砂糖，用橡皮刮刀翻炒均匀。

3 关火时加入肉桂粉拌匀，制成苹果馅，盛入碗中，置一边放凉。

制作蛋糕糊

4 将无盐黄油倒入搅打盆中，再倒入细砂糖，用橡皮刮刀搅拌均匀。

5 分次倒入鸡蛋并用搅拌器搅拌匀。

6 加入泡打粉，再筛入低筋面粉，加入苹果馅，搅拌均匀，制成蛋糕糊。

☆搅拌混合粉类时注意不要过度，以免产生筋性，影响口感。

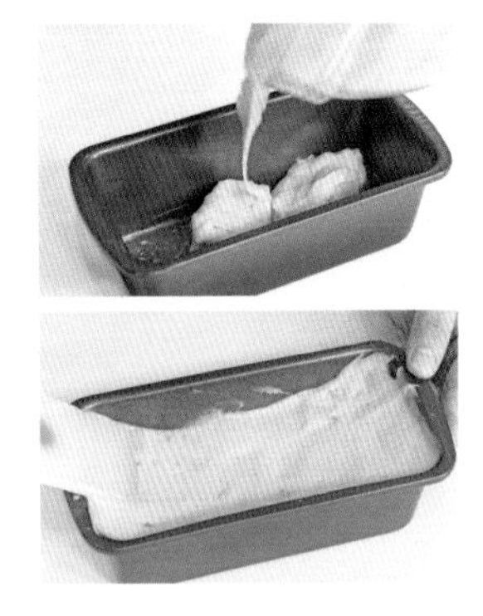

7 将面糊以中间低周围高的“凹”字方式倒入铺好油纸的磅蛋糕模具中，用刮刀抹平。

制作奶酥

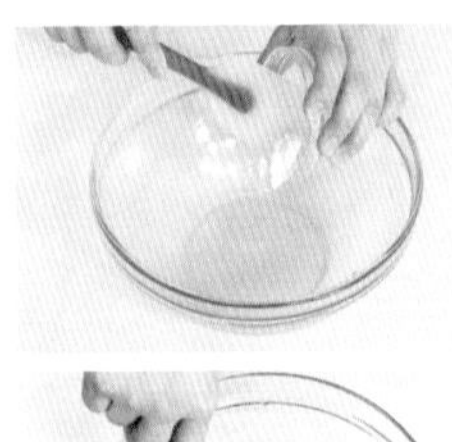

8 将无盐黄油和细砂糖倒入搅打盆中，用橡皮刮刀搅拌均匀。

☆为保证口感，可以多搅拌一会儿。

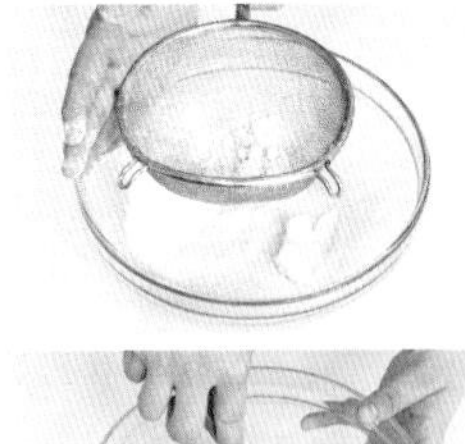

9 筛入杏仁粉、低筋面粉，搅拌均匀，制成奶酥。

10 将奶酥用搓皮刀削进磅蛋糕模具中，用刀在蛋糕糊中间割一刀。

入烤箱烘烤

11 放进预热至180℃的烤箱中，烘烤约20分钟。

12 取出，撕去油纸切块即可。

香酥绵甜

苹果烤制后更加香脆，蛋糕本身的口感厚重绵软，轻轻尝一口便胜过无数美味。

大理石磅蛋糕

烘烤时间：25 ~ 30分钟　烤箱温度：上、下火 180℃

难易度 ★☆☆

材料（分量：1个）

Ⓐ 无盐黄油120克
细砂糖60克
鸡蛋100克
Ⓑ 低筋面粉40克
泡打粉1克
Ⓒ 低筋面粉35克
可可粉5克
泡打粉1克
Ⓓ 低筋面粉35克
抹茶粉5克
泡打粉1克

制作步骤

打发黄油

1 将材料A中室温软化的无盐黄油倒入搅拌盆中。

2 加入材料A的细砂糖，拌匀。

3 再用电动搅拌器将其打发。

制作蛋糕糊

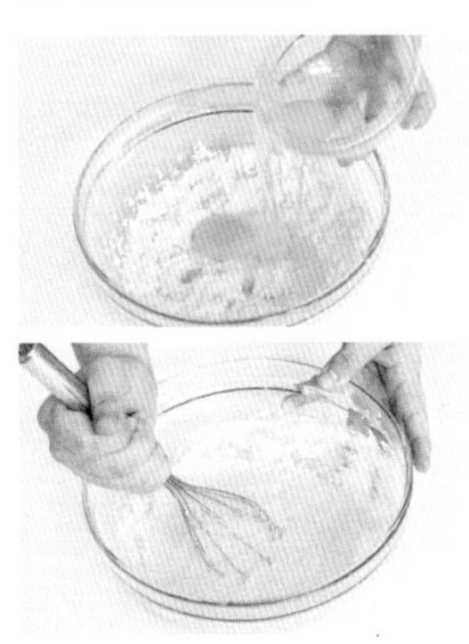

4 分两次加入材料A中的鸡蛋，搅拌均匀，分成三份。

☆加入蛋液时每次都要搅拌至蛋液被完全吸收后再加入下一份蛋液。

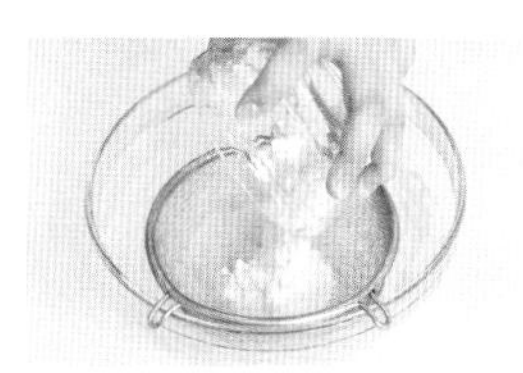

5 一份筛入材料B中的低筋面粉及泡打粉。

6 搅拌均匀，制成原味蛋糕糊。

7 一份筛入材料C中的低筋面粉、泡打粉及可可粉。

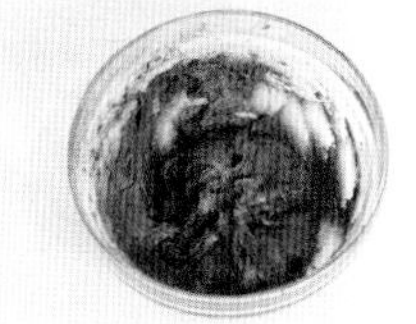

8 搅拌均匀，制成可可蛋糕糊。

9 最后一份筛入材料D中的低筋面粉、泡打粉及抹茶粉。

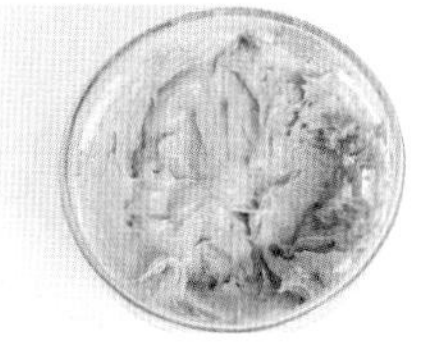

10 搅拌均匀，制成抹茶蛋糕糊。

入模烘烤

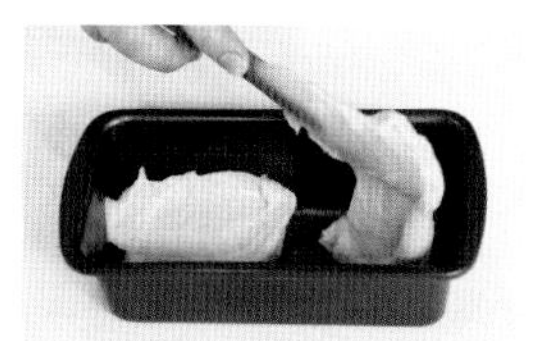

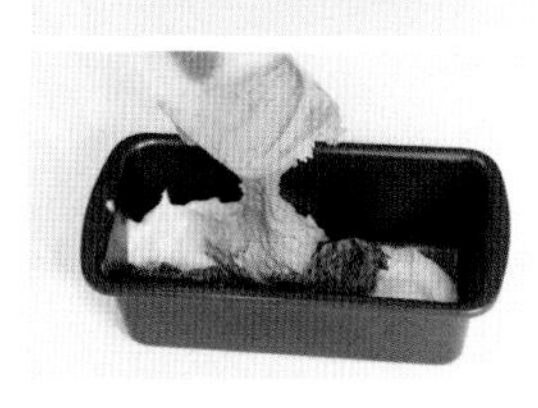

11 将原味蛋糕糊、可可蛋糕糊及抹茶蛋糕糊依次倒入铺好油纸的模具中，抹匀。

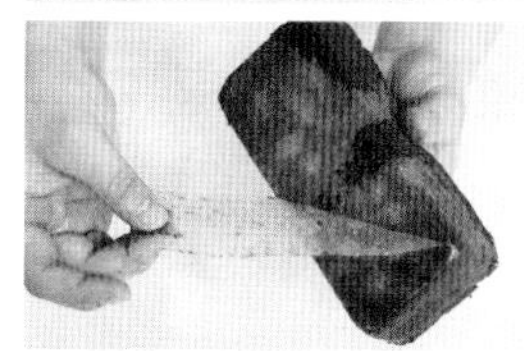

12 放入预热至180℃的烤箱中烘烤25~30分钟，至蛋糕体积膨大，取出，放凉，脱模即可。

巧克力布朗尼

烘烤时间：20 分钟　烤箱温度：上、下火 180℃

难易度 ★☆☆

材料（分量：1个）

巧克力块150克
无盐黄油150克
细砂糖100克
全蛋3个
牛奶30毫升
低筋面粉150克
泡打粉3克
苏打粉2克
核桃碎60克

制作步骤

熔化巧克力和黄油

1 将巧克力块放入小钢锅里，隔热水熔化。

2 倒入无盐黄油，用手动搅拌器搅拌至材料完全熔化。

制作蛋糕糊

3 将熔化的材料倒入干净的大玻璃碗中。

4 趁热倒入细砂糖，用手动搅拌器搅拌至细砂糖完全溶化。

5 分3次倒入全蛋，每一次均快速搅散。

6 将低筋面粉、苏打粉、泡打粉过筛至碗里。

7 用橡皮刮刀翻拌成无干粉的面糊。

8 倒入牛奶，再次搅拌均匀，即成蛋糕糊。

☆搅拌时要顺着一个方向进行。

入模烘烤

9 取6寸方形蛋糕模具，倒入蛋糕糊，轻震几下排出气泡，再用橡皮刮刀将表面抹平。

10 在蛋糕糊表面撒上一层核桃碎。

☆核桃碎的大小可依据个人的口感来定。

11 将蛋糕模放入已预热至180℃的烤箱中层，烘烤约20分钟，取出烤好的巧克力布朗尼。

12 将烤好的巧克力布朗尼脱模，装入盘中，食用时切成小块即可。

☆蛋糕烤好后，最好等完全冷却后再切块，这样不易松散。

口感厚重

酥脆的烤制核桃，搭配布朗尼浓重的黄油气息，适合喜欢厚重口感的您。

君度橙酒巧克力蛋糕

烘烤时间：12 ~ 15 分钟　烤箱温度：上、下火 170℃

难易度
★★☆

材料（分量：6个）

蛋糕坯

鸡蛋72克
细砂糖45克
低筋面粉39克
杏仁粉26克
可可粉9克
泡打粉1克
无盐黄油52克
黑巧克力32克
君度橙酒8毫升

巧克力馅

熔化的黑巧克力15克
淡奶油100克
细砂糖15克

巧克力淋面酱

牛奶120毫升
黑巧克力100克
蜂蜜20克
淡奶油30克
吉利丁片1片

表面装饰

饼干棒适量
开心果碎适量
橙皮丁适量

制作步骤

预先准备

1 在玛芬模具（6个装）内刷上一些黄油（分量外）。

制作蛋糕糊

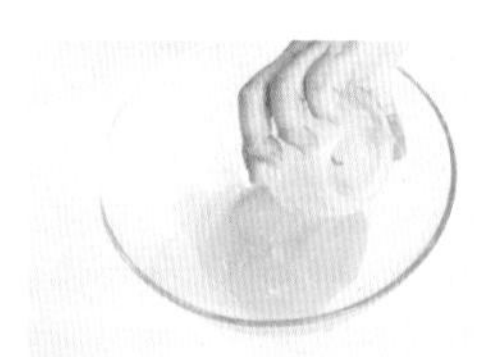

2 将蛋糕坯材料中的鸡蛋和细砂糖放入玻璃碗中。

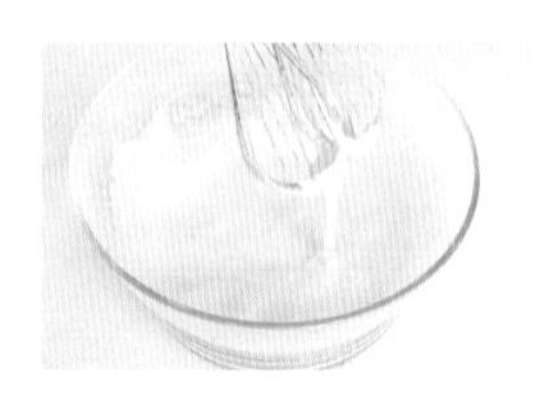

3 用搅拌器将鸡蛋打发。

☆打发好的鸡蛋呈乳白色，泡沫蓬松。

4 筛入低筋面粉、杏仁粉、可可粉、泡打粉，翻拌均匀。

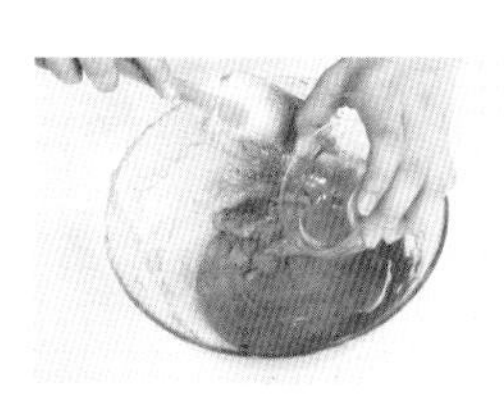

5 倒入君度橙酒，拌匀成蛋糕糊。

☆君度橙酒能减轻鸡蛋的腥味，提升口感。

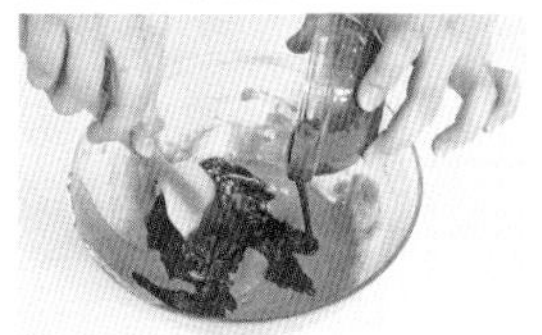

6 将无盐黄油和黑巧克力加热熔化后倒入蛋糕糊中，搅拌均匀后装入裱花袋中。

入模烘烤

7 将面糊注入玛芬模具中至七分满，放入预热至170℃的烤箱中烘烤12～15分钟。

8 取出脱模后马上刷上君度橙酒（分量外），静置冷却，制成蛋糕坯。

巧克力馅和巧克力淋面酱

9 将巧克力馅材料中的淡奶油和细砂糖打发。

10 加入熔化的黑巧克力，拌匀，再装入裱花袋中。

11 将巧克力淋面酱材料中的牛奶、蜂蜜、黑巧克力装入碗中，隔热水熔化，加入淡奶油，拌匀，制成巧克力淋面酱。

12 将吉利丁片放入玻璃碗中，倒入热水，泡软，再放入巧克力淋面酱中，搅拌均匀，备用。

装饰

13 将裱花袋中的巧克力馅挤在蛋糕坯上。

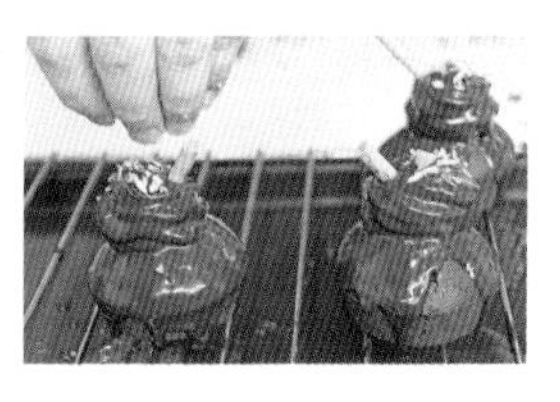

14 将巧克力淋面酱淋在表面，最后再装饰上橙皮丁和开心果碎，插上饼干棒即可。

巧克力杯子蛋糕

烘烤时间：20 分钟　烤箱温度：上、下火 170℃

难易度

材料（分量：4个）

低筋面粉82克
全蛋55克
巧克力块55克
细砂糖30克
无盐黄油30克
牛奶30毫升
泡打粉1克
打发淡奶油适量
巧克力碎少许
熟板栗少许
樱桃少许

制作步骤

熔化巧克力

1 将巧克力装入玻璃碗中，倒入无盐黄油。

2 将碗中材料隔热水熔化，再搅拌均匀。

☆巧克力最好隔水加热至熔化，不可直接加热。

制作蛋糕糊

3 将玻璃碗中的材料倒入另一个大玻璃碗中。

4 大玻璃碗中倒入细砂糖，搅拌均匀至溶化。

5 倒入全蛋，快速搅拌均匀，倒入牛奶，边倒边搅拌均匀。

6 将低筋面粉、泡打粉过筛至碗里，搅拌至无干粉状态。

☆蛋糕糊拌好后要马上入模烘烤，避免久置消泡而无法蓬松。

入模烘烤和装饰

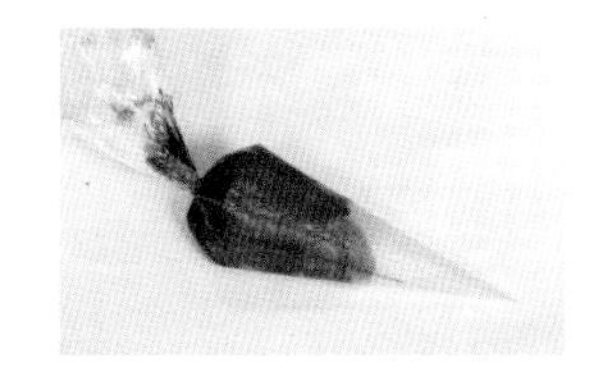

7 将巧克力蛋糕糊装入裱花袋里，用剪刀在裱花袋尖端处剪一个口子。

8 将蛋糕纸杯放在蛋糕模上，往蛋糕纸杯内挤入巧克力蛋糕糊至九分满。

9 将蛋糕模放在烤盘上，再移入已预热至170℃的烤箱中层，烘烤约20分钟。

10 将打发淡奶油挤在烤好的蛋糕上，再装饰上巧克力碎、熟板栗和樱桃即可。

抹茶杯子蛋糕

烘烤时间：18 分钟　烤箱温度：上、下火 180℃

难易度 ★☆☆

材料（分量：6个）

蛋糕糊

低筋面粉90克
细砂糖50克
无盐黄油38克
牛奶40毫升
蛋黄（3个）51克
蛋白（3个）108克
抹茶粉5克
清水7毫升

装饰

淡奶油200克
细砂糖20克
抹茶粉4克
可食用银珠少许
彩针糖少许

制作步骤

预先准备

1 将无盐黄油、牛奶倒入平底锅中，用中小火加热至无盐黄油完全溶化。

2 将清水倒入装有抹茶粉的碗中，搅拌成抹茶糊。

制作蛋糕糊

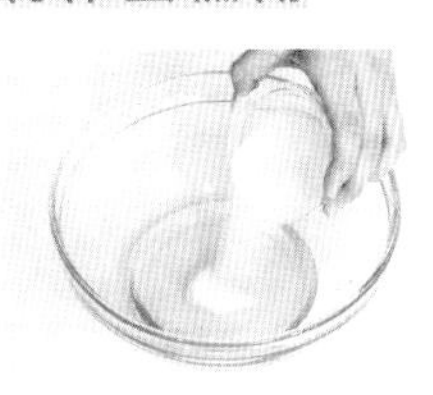

3 将蛋白、细砂糖倒入大玻璃碗中，用电动搅拌器搅打至干性发泡。

4 往大玻璃碗中倒入蛋黄、抹茶糊，搅打至九分发。

5 将低筋面粉分2次过筛至碗里，翻拌均匀，再放入平底锅中的材料，翻拌均匀，制成蛋糕糊。

入模烘烤

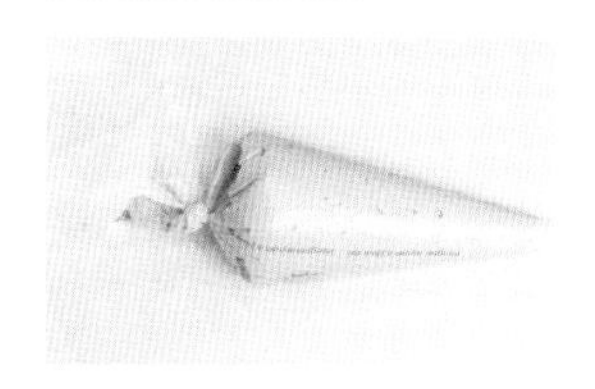

6 将蛋糕糊装入裱花袋里，用剪刀在裱花袋尖端处剪一个小口。

7 取蛋糕模具，放上纸杯，再逐一挤入蛋糕糊。

8 将烤盘放入已预热至180℃的烤箱中层，烘烤约18分钟，取出烤好的杯子蛋糕，放凉至室温。

打发淡奶油

9 将淡奶油、细砂糖装入大玻璃碗中，用电动搅拌器打发，制成原味淡奶油糊。

10 取出一半打发淡奶油，倒入抹茶粉，继续搅打均匀，制成抹茶淡奶油糊。

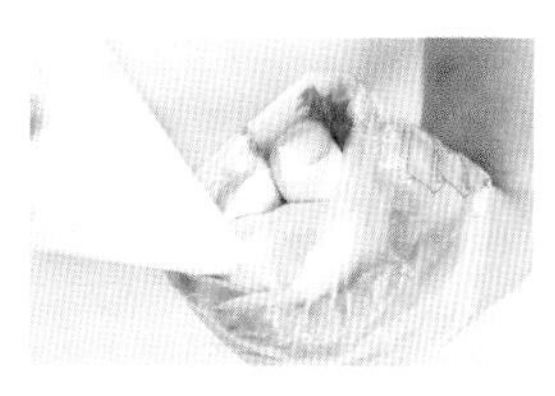

11 将原味淡奶油糊和抹茶淡奶油挤入裱花袋里，制成混合奶油糊。

装饰蛋糕

12 在蛋糕表面挤出不同造型的奶油，装饰上可食用银珠、彩针糖即可。

蜂蜜柠檬杯子蛋糕

烘烤时间：25 ~ 30 分钟　烤箱温度：上、下火 170℃

难易度
★☆☆

材料（分量：4个）

低筋面粉120克
全蛋（1个）55克
无盐黄油50克
细砂糖30克
蜂蜜12克
牛奶60毫升
柠檬汁4毫升
泡打粉2克
动物性淡奶油100克
柠檬4小片

制作步骤

制作蛋糕糊

1 将室温软化的无盐黄油、细砂糖、蜂蜜倒入大玻璃碗中，用电动搅拌器搅打均匀。

2 分2次倒入全蛋，边倒边搅打均匀，倒入柠檬汁、牛奶，搅拌均匀。

3 将低筋面粉、泡打粉过筛至碗里，用手动搅拌器搅拌成无干粉的面糊，制成蛋糕糊。

入模烘烤

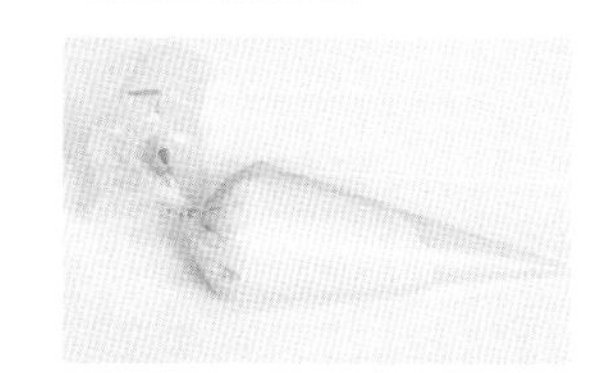

4 将蛋糕糊装入裱花袋里，用剪刀在裱花袋尖端处剪一个小口。

5 取蛋糕纸杯，挤入蛋糕糊至八分满。

6 将蛋糕纸杯放入已预热至170℃的烤箱中间，烘烤约25～30分钟，取出。

7 将烤好的蛋糕横刀切去顶端的一小部分。

打发淡奶油

8 将淡奶油倒入大玻璃碗中，用电动搅拌器搅打至九分发。

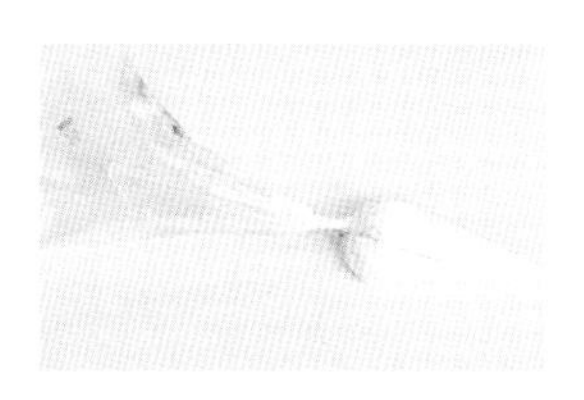

9 将已打发的淡奶油装入套有圆齿裱花嘴的裱花袋里，用剪刀在裱花袋尖端处剪一个小口。

装饰

10 将已打发淡奶油挤在蛋糕切面上，再插上一小片柠檬片即可。

奥利奥杯子蛋糕

烘烤时间：17 分钟　烤箱温度：上、下火 200℃

难易度 ★☆☆

材料（分量：6个）

蛋糕坯

低筋面粉50克
牛奶30毫升
玉米油25毫升
蛋黄（3个）51克
蛋白（3个）112克
细砂糖40克

装饰

淡奶油200克
细砂糖20克
奥利奥饼干碎适量
奥利奥饼干（对半切）适量

制作步骤

制作面糊

1 将玉米油、牛奶倒入大玻璃碗中，搅拌均匀。

2 放入蛋黄，充分搅拌均匀。

3 将低筋面粉过筛至碗里，用手动搅拌器快速搅拌至混合均匀，制成面糊。

制作蛋糕糊

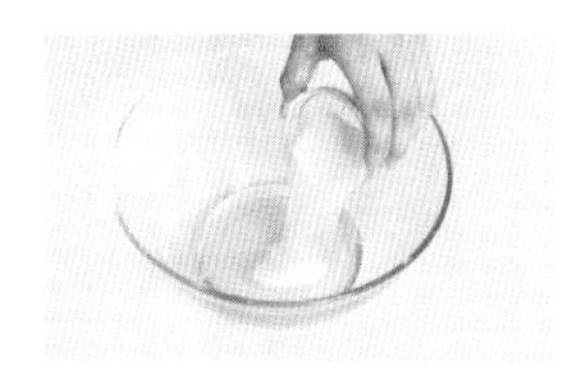

4 将蛋白、细砂糖倒入另一个大玻璃碗中，用电动搅拌器搅打至九分发，制成蛋白糊。

5 用橡皮刮刀将一半的蛋白糊倒入面糊里，翻拌均匀，再倒回至装有剩余蛋白糊的大玻璃碗中。

6 加入奥利奥饼干碎，继续拌匀，制成蛋糕糊。

入模烘烤

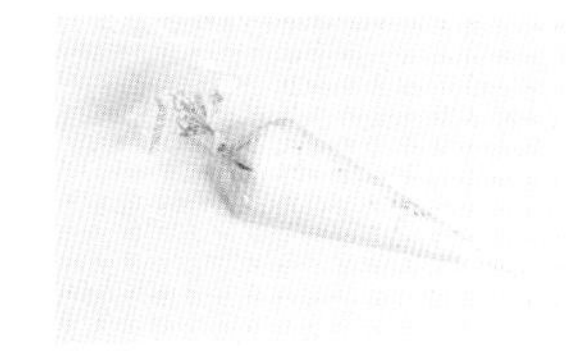

7 将蛋糕糊装入裱花袋里，用剪刀在裱花袋尖端处剪一个小口。

8 取烤盘，放上蛋糕纸杯，再逐一挤入蛋糕糊。

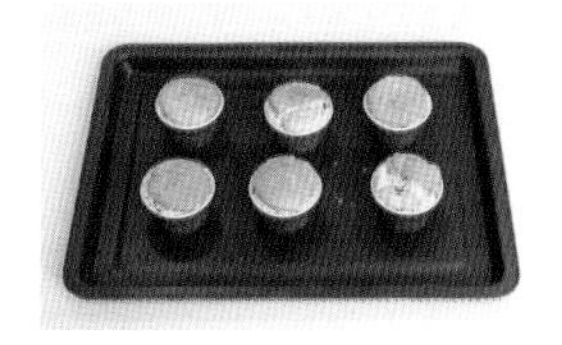

9 放入已预热至200℃的烤箱中层，烘烤约17分钟，取出烤好的蛋糕，放凉至室温。

制作奶油及装饰

10 淡奶油加细砂糖打发，与奥利奥饼干碎混匀，再与奥利奥饼干一同装饰蛋糕即可。

猫头鹰杯子蛋糕

烘烤时间：20 分钟　烤箱温度：上、下火 170℃

难易度
★★☆

材料（分量：4个）

蛋糕坯

低筋面粉105克
泡打粉3克
无盐黄油80克
细砂糖70克
盐2克
鸡蛋1个
酸奶85克

装饰

黑巧克力100克
奥利奥饼干6块
M&M巧克力豆适量

制作步骤

制作蛋糕糊

1 用手动搅拌器将无盐黄油打散。

2 加入细砂糖和盐，用电动搅拌器搅打至微微发白。

3 分3次加入蛋液，充分搅拌均匀。

4 分两次倒入酸奶，搅拌均匀。

5 筛入低筋面粉及泡打粉，搅拌至无颗粒状，制成蛋糕糊。

入模烘烤

6 装入裱花袋，拧紧裱花袋口，在裱花袋尖端处剪一小口。

7 以画圈的方式垂直将蛋糕糊挤入蛋糕纸杯至八分满，摆入烤盘。

8 烤箱以上、下火170℃预热，将烤盘放入烤箱，烘烤约20分钟，取出蛋糕。

装饰

9 用橡皮刮刀在蛋糕表面均匀抹上煮熔的黑巧克力酱。

10 将每片奥利奥饼干分开，取夹心完整的那一片作为猫头鹰的眼睛。

☆装饰要趁表面巧克力未干时进行。

11 用M&M巧克力豆作为猫头鹰的眼珠及鼻子。

12 将剩余的奥利奥饼干从边缘切取适当大小，作为猫头鹰的眉毛即可。

小熊提拉米苏

冷藏时间：4 小时　冷藏温度：0 ~ 5℃

难易度 ★★☆

材料（分量：2个）

蛋糕坯

嫩豆腐100克
淡奶油50克
细砂糖35克
手指饼干2根
鸡蛋1个
速溶咖啡粉3克

装饰材料

防潮可可粉适量
黑巧克力适量
白巧克力适量
巧克力豆6颗
纽扣巧克力6颗

制作步骤

制作蛋糕糊

1 嫩豆腐表面铺上纸巾，压上重物，使水分释出，捏碎后搅打呈稠状。

2 淡奶油放入搅拌盆，加入细砂糖，用电动搅拌器打发至呈鹰钩状。

3 将打发的淡奶油加入到碎豆腐中，搅拌均匀，打入一个鸡蛋，搅拌均匀，制成蛋糕糊。

4 将搅拌好的蛋糕糊装入裱花袋。

组合装饰

5 将速溶咖啡粉加适量热水溶化。

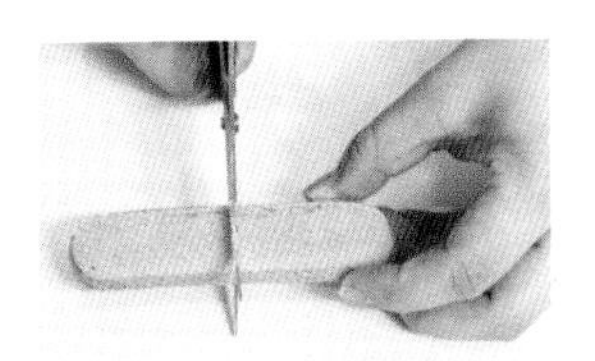

6 将手指饼干对半剪成两块，放入速溶咖啡液中浸润2秒，取出。

7 将裱花袋中的蛋糕糊挤入杯子蛋糕纸杯底部，放上沾了咖啡液的手指饼干。

8 再挤上一层蛋糕糊，在表面筛上防潮可可粉。

☆若家中没有防潮可可粉，可先在蛋糕表面撒上防潮糖粉，再撒普通可可粉。

9 以纽扣巧克力作为耳朵，巧克力豆作为眼睛。隔水加热黑巧克力、白巧克力，分别装入裱花袋，画出小熊的嘴巴、鼻子。再将蛋糕放入冰箱冷藏4个小时即可。

奶油狮子造型蛋糕

烘烤时间：20 分钟　烤箱温度：上、下火 170℃

难易度 ★★☆

材料（分量：4个）

蛋糕坯

中筋面粉120克
泡打粉3克
豆浆125毫升
细砂糖90克
盐2克
植物油35毫升
鸡蛋1个
淡奶油150克
浓缩橙汁适量
巧克力液适量

制作步骤

制作蛋糕糊

1 将植物油与豆浆倒入玻璃碗中，搅拌均匀。

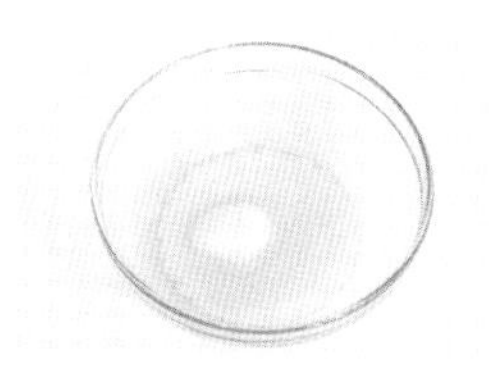

2 加入细砂糖70克及盐，继续拌匀。

3 筛入中筋面粉、泡打粉，搅拌均匀。

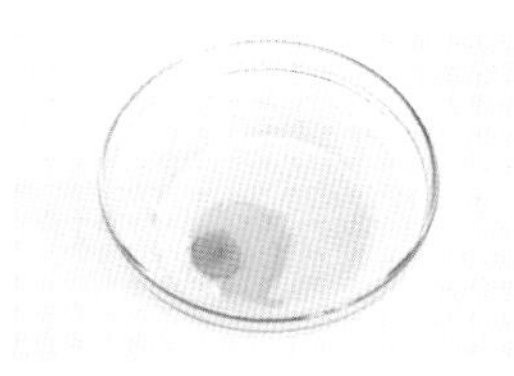

4 打入一个鸡蛋，搅拌成淡黄色面糊，制成蛋糕糊。

入模烘烤

5 装入裱花袋中，拧紧裱花袋口，在裱花袋尖端处剪一小口。

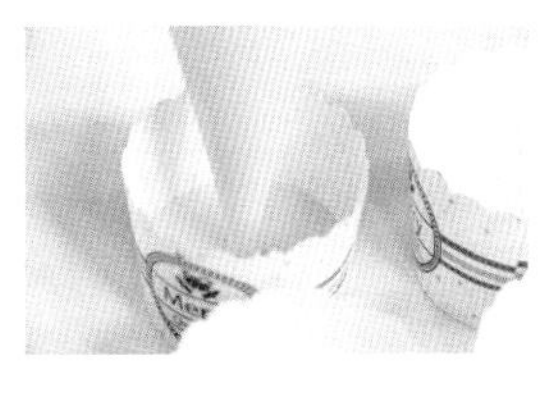

6 将蛋糕糊挤入蛋糕纸杯，至八分满，放入烤箱以上、下火170℃烤约20分钟。

打发淡奶油

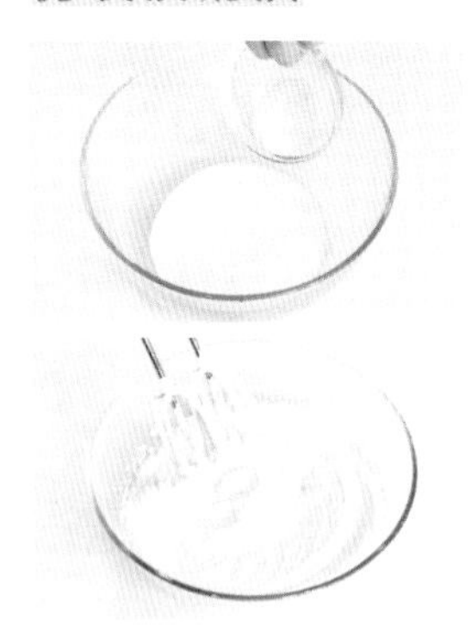

7 将淡奶油放入新的玻璃碗中，加入细砂糖20克，用电动搅拌器快速打发。

☆装淡奶油的玻璃碗一定不要有水分，否则会影响打发效果。

8 将打发好的淡奶油分成三份，其中两份分别加入浓缩橙汁和巧克力液，继续搅拌至可呈鹰钩状，三份分别装入裱花袋中，待用。

组合装饰

9 取出烤好的蛋糕，用一支竹签插入蛋糕体中间，拔出时若无黏着的蛋糕糊，说明已经烤好。

10 在冷却的蛋糕表面挤上黄色奶油，作为狮子的毛发。

11 用白色奶油在中间挤上狮子鼻子两旁的装饰，最后用黑色奶油挤上眼睛和鼻子即可。

小黄人杯子蛋糕

烘烤时间：20 分钟　烤箱温度：上、下火 170℃

难易度 ★★★

材料（分量：6个）

鸡蛋1个
细砂糖65克
植物油50毫升
牛奶40毫升
低筋面粉80克
盐1克
泡打粉1克
巧克力适量
翻糖膏适量
黄色色素适量

制作步骤

制作蛋糕糊

1 鸡蛋搅拌成蛋液，再将蛋液与细砂糖倒入搅拌盆，搅拌均匀。

2 加入盐，搅拌均匀。加入牛奶及植物油，继续搅拌。

3 筛入低筋面粉及泡打粉，搅拌均匀，制成蛋糕糊。

入模烘烤

4 将蛋糕糊装入裱花袋，垂直从蛋糕纸杯中间挤入，至八分满。

5 烤箱以上、下火170℃预热，将烤盘放入烤箱，烘烤约20分钟，取出。

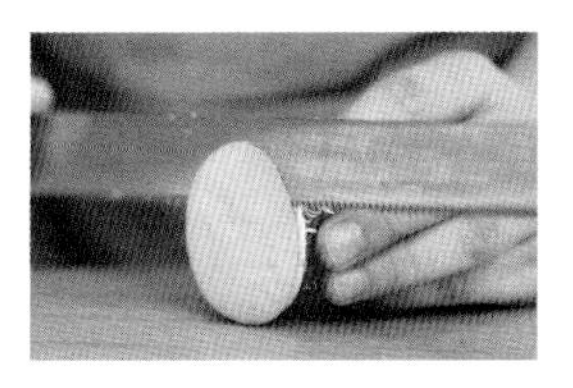

6 待烤好的蛋糕冷却后，沿杯口切去高于纸杯的蛋糕体。

☆切去高于纸杯的蛋糕后才能对蛋糕进行装饰。

装饰

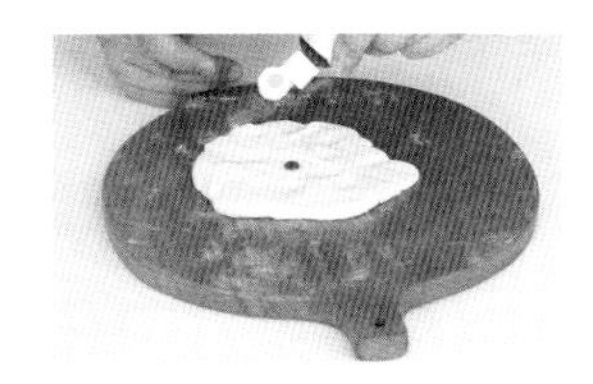

7 取适量翻糖膏，加入几滴黄色色素，揉搓均匀，使翻糖膏呈鲜亮的黄色。

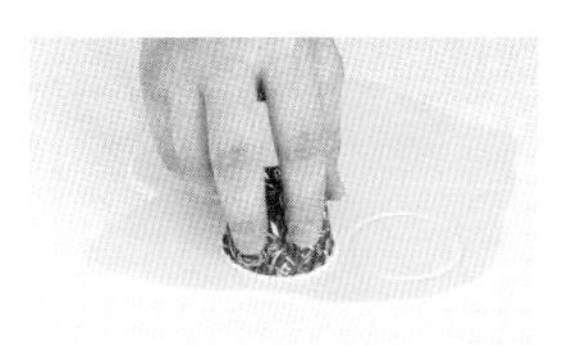

8 用擀面杖将黄色翻糖膏擀平，用一个新的蛋糕纸杯在翻糖膏上印出圆形。

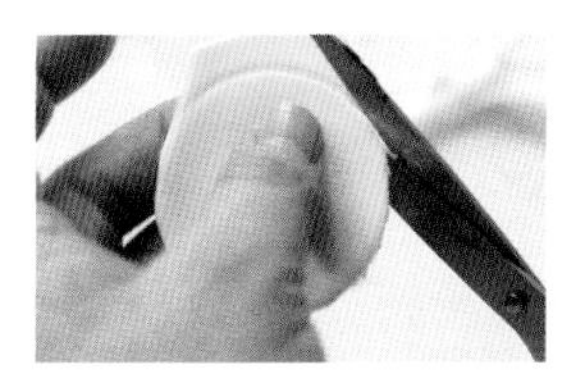

9 用剪刀将圆形剪下，放在蛋糕体上面作为小黄人的皮肤。

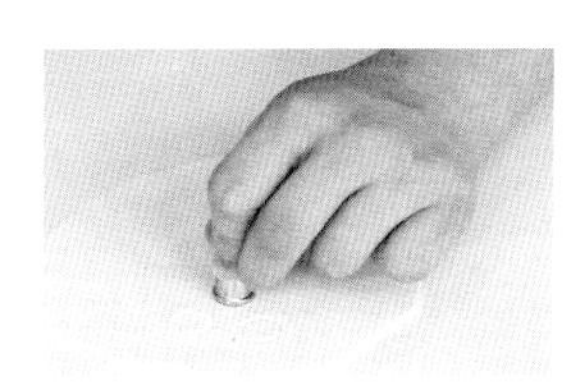

10 取一块翻糖膏，用裱花嘴圆形的一端印出小黄人的“眼白”。

11 用一个大的裱花嘴在原来的黄色翻糖上印出眼睛的外圈。

12 将白色翻糖膏套入黄色圈圈中，作为小黄人的眼睛，摆放好。

13 用巧克力画出小黄人的眼珠、嘴巴和眼镜框即可。

☆小黄人的眼镜和嘴巴也可用翻糖膏加入黑色色素揉搓均匀制成，剪出相应形状即可。

可乐蛋糕

烘烤时间：18 分钟　烤箱温度：上火 170℃、下火 160℃

难易度 ★☆☆

材料（分量：6个）

可乐汽水165毫升
无盐黄油60克
高筋面粉55克
低筋面粉55克
泡打粉2克
可可粉5克
鸡蛋1个
香草精2滴
细砂糖65克
盐2克
棉花糖20克
打发淡奶油100克
草莓3颗
糖粉适量

制作步骤

制作黄油可乐

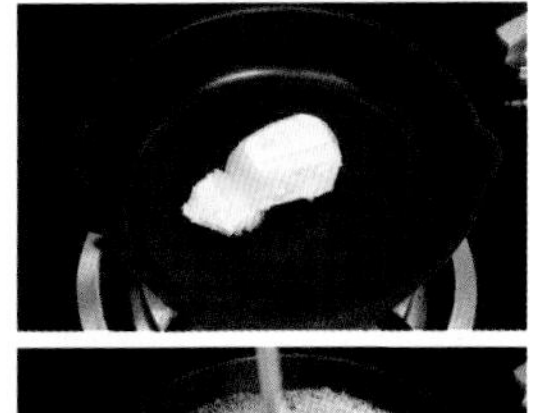

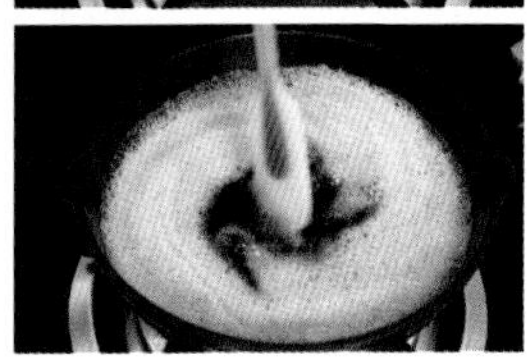

1 无盐黄油放入不粘锅，小火煮至熔化，倒入可乐搅拌均匀，盛起放凉。

制作蛋糕糊

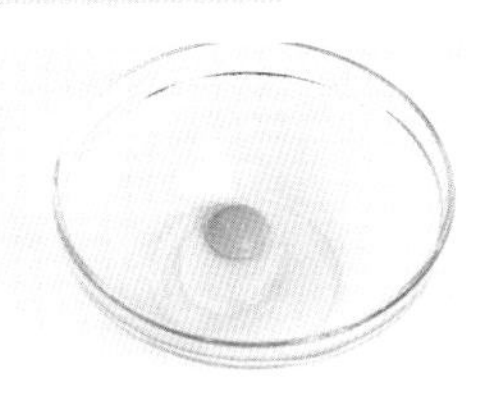

2 鸡蛋放入搅拌盆中。

3 加入香草精、细砂糖及盐，用手动搅拌器搅拌均匀，倒入已放凉的黄油可乐。

4 筛入高筋面粉、低筋面粉、泡打粉及可可粉，拌匀成蛋糕糊。

入模烘烤

5 将蛋糕糊装入裱花袋中，拧紧裱花袋口。

6 在玛芬模具中放入蛋糕纸杯，将蛋糕糊垂直挤入纸杯中至七分满。

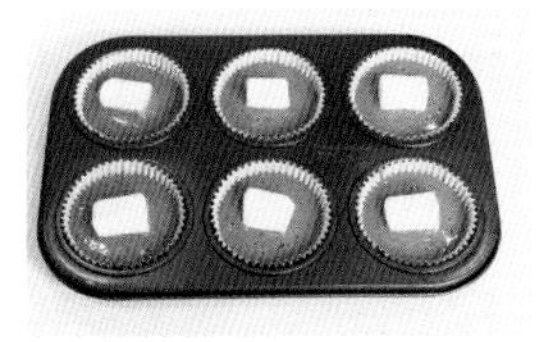

7 在表面放上棉花糖，再将蛋糕糊放入烤箱以上火170℃、下火160℃的温度烤约18分钟。

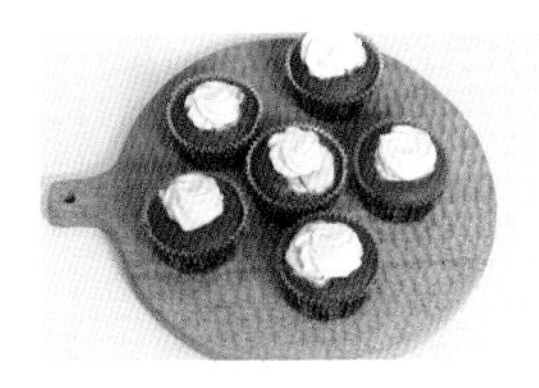

8 取出烤好的蛋糕，放凉后表面挤上打发淡奶油。

9 放上对半切开的草莓，撒上糖粉装饰即可。

☆将草莓切成细丁，食用口感更佳。

肉松蛋糕卷

烘烤时间：15 分钟　烤箱温度：上、下火 180℃

难易度 ★★☆

材料（分量：1个）

蛋黄糊

蛋黄4个
盐1.5克
玉米油35毫升
牛奶50毫升
低筋面粉63克

蛋白糊

蛋白4个
细砂糖50克

装饰

葱花少许
肉松适量
沙拉酱适量

制作步骤

制作蛋黄糊

1 将牛奶、玉米油、盐倒入大玻璃碗中，用手动搅拌器搅拌均匀。

2 将低筋面粉过筛至碗里，搅拌至无干粉状态，倒入蛋黄，快速搅拌均匀，即成蛋黄糊。

☆面粉和蛋黄搅拌时容易结块，不要过度搅拌。

制作蛋白糊

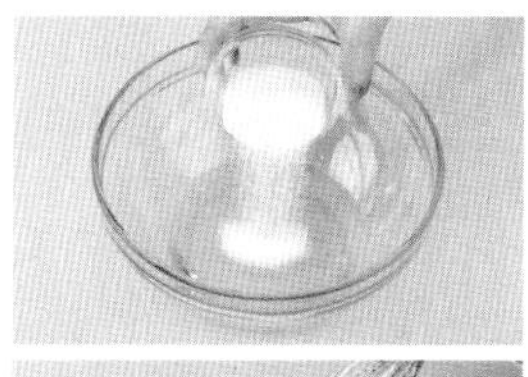

3 将蛋白、细砂糖倒入另一个大玻璃碗中，用电动搅拌器将碗中材料搅打至九分发。

☆细砂糖分几次倒入会更易打发。

制作蛋糕糊

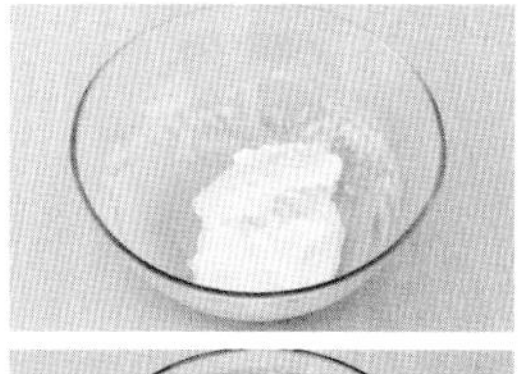

4 将一半的打发蛋白倒入蛋黄糊中，用橡皮刮刀翻拌均匀，再倒回装有剩余打发蛋白的碗中，用橡皮刮刀翻拌均匀，即成蛋糕糊。

入模烘烤

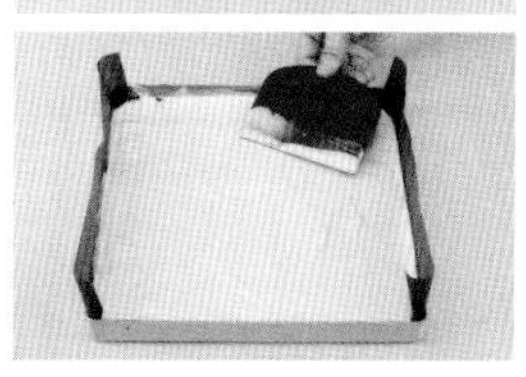

5 取烤盘，铺上高温布，撒上葱花、肉松，倒入蛋糕糊，用刮板抹平，再撒上一层葱花、肉松，轻震排出大气泡。

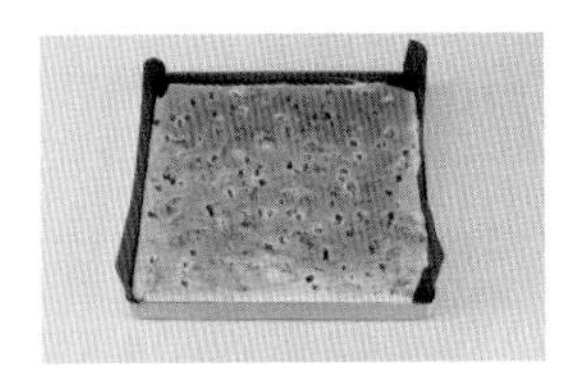

6 放入已预热至180℃的烤箱中层，烘烤约15分钟至表面上色，取出烤盘。

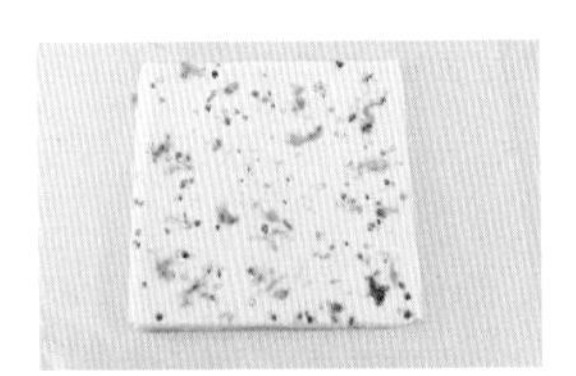

7 将蛋糕放凉至室温，再倒扣在铺有油纸的操作台上，撕掉高温布。

制成蛋糕卷

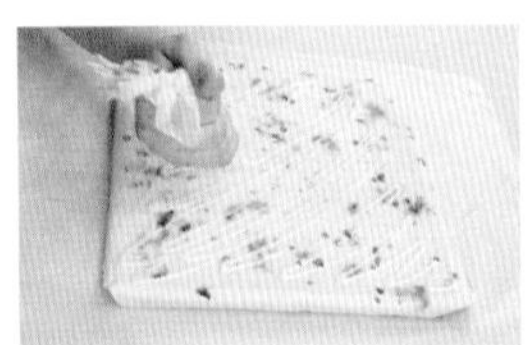

8 将沙拉酱装入裱花袋里，用剪刀在裱花袋尖端处剪一个口子，再将沙拉酱沿着对角线来回挤在蛋糕上，再用抹刀抹平。

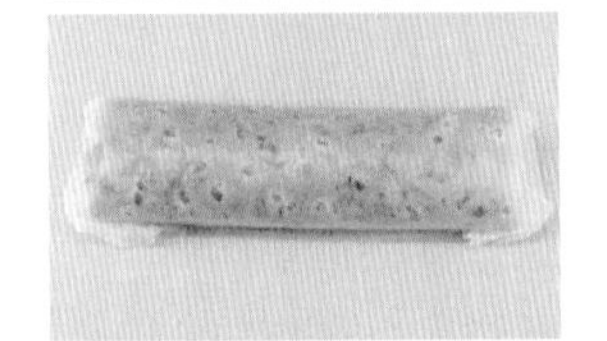

9 撒上一层肉松，再来回挤上沙拉酱，将蛋糕卷成卷。

10 将蛋糕分切成厚度一致的卷，装盘即可。

肉松的做法

猪瘦肉焯水，加料酒、老抽、冰糖、十三香、盐、姜，小火煮1小时，撕成细丝，再放入搅拌机打碎，小火干炒至蓬松即可。

草莓蛋糕卷

烘烤时间：21 分钟　烤箱温度：上、下火 160℃

难易度 ★★☆

材料（分量：1个）

蛋糕坯

低筋面粉52克
玉米油52毫升
牛奶50毫升
蛋黄（4个）68克
蛋白（4个）148克
细砂糖45克
草莓粉10克
抹茶粉6克

装饰

淡奶油200克
新鲜草莓丁100克
糖粉15克
草莓粉5克

制作步骤

制作蛋黄糊

1 将牛奶、玉米油倒入大玻璃碗中，搅拌均匀。

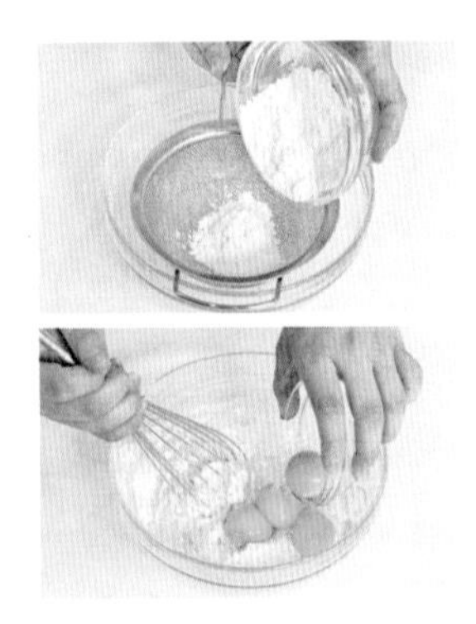

2 将低筋面粉过筛至碗里，搅拌至无干粉状，倒入蛋黄，搅拌均匀，制成蛋黄糊。

制作蛋白糊

3 另取一个玻璃碗，倒入蛋白、1/3的细砂糖，用电动搅拌器搅打均匀。

4 剩下的细砂糖分2次倒入，均用电动搅拌器搅打至九分发，制成蛋白糊。

制作三种蛋糕糊

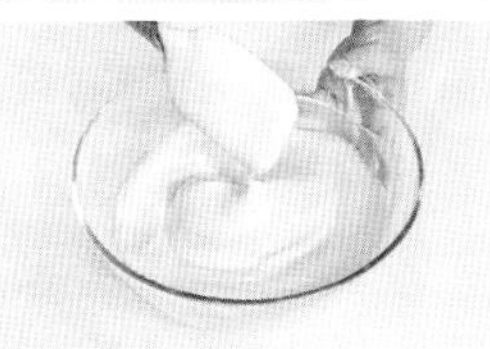

5 用橡皮刮刀将一半的蛋白糊盛入蛋黄糊中，翻拌均匀，再倒回至装有剩余蛋白糊的大玻璃碗中，翻拌均匀，制成原味蛋糕糊。

6 取适量原味蛋糕糊装入干净的玻璃碗中，倒入草莓粉，翻拌均匀，制成草莓蛋糕糊，装入裱花袋里。

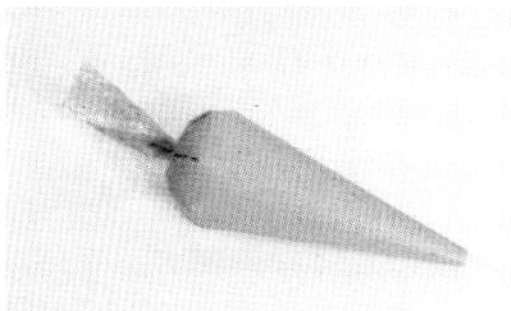

7 取适量原味蛋糕糊装入干净的玻璃碗中，倒入抹茶粉，翻拌均匀，制成抹茶蛋糕糊，装入裱花袋里。

入模烘烤

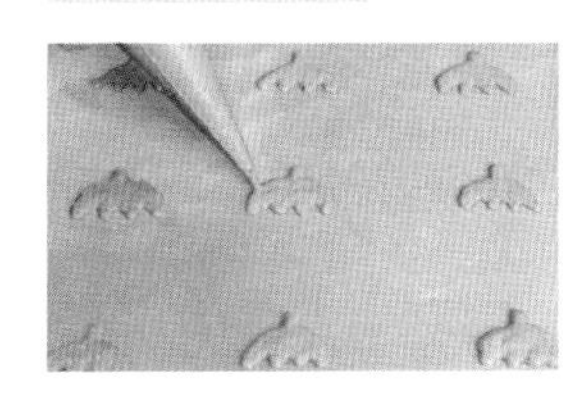

8 烤盘铺上高温布，挤上抹茶蛋糕糊，做成草莓叶；再将草莓蛋糕糊挤在上面，做成草莓肉。

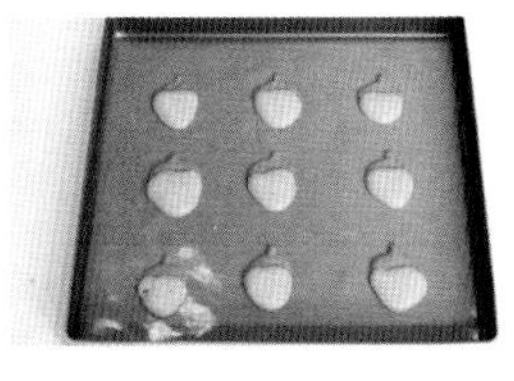

9 将烤盘放入已预热至160℃的烤箱中层，烤约3分钟，取出烤盘，将原味蛋糕糊倒在表面，抹匀，再放入160℃的烤箱中层，烘烤约18分钟即可。

装饰蛋糕

10 将淡奶油装入干净的大玻璃碗中，用电动搅拌器搅打，倒入草莓粉，继续搅打均匀，再倒入糖粉，搅拌均匀，制成草莓奶油糊。

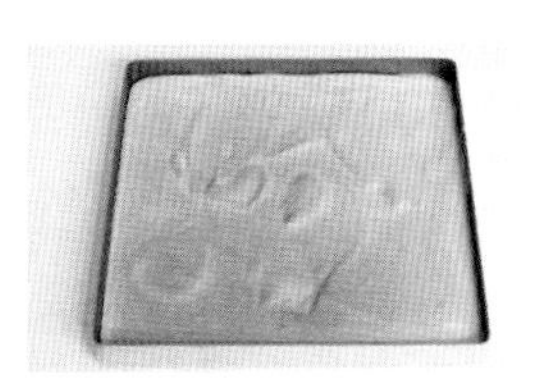

11 取出烤好的蛋糕，铺上一张比烤盘稍大一点的油纸，再放一个烤网，将蛋糕倒扣在操作台上，取下高温布。

12 待蛋糕放凉至室温，盖上一张油纸，倒置，撕掉表面的油纸，抹上草莓奶油糊，撒上一层草莓丁，将蛋糕卷起，撕掉油纸，切成三块，装盘即可。

抹茶红豆蛋糕卷

烘烤时间：20 分钟　烤箱温度：上、下火 190℃

难易度

材料（分量：1个）

蛋黄糊

蛋黄液（3个）62克
低筋面粉60克
细砂糖10克
色拉油30毫升
抹茶粉6克
热水25毫升
清水40毫升

蛋白糊

蛋白（3个）103克
细砂糖40克

内馅

淡奶油150克
细砂糖5克
蜜红豆100克

制作步骤

预先准备

1 将抹茶粉倒入装有热水的玻璃碗中，用手动搅拌器搅拌均匀。

☆热水的温度在60℃左右即可。

制作蛋黄糊

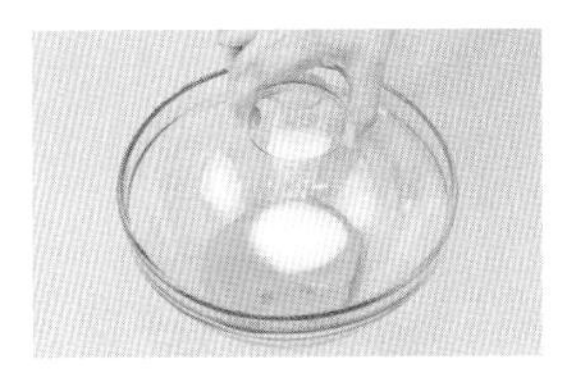

2 将蛋黄液和10克细砂糖倒入另一个大玻璃碗中，用手动搅拌器搅拌均匀。

3 碗中倒入色拉油，搅拌均匀，倒入清水，搅拌均匀。

4 加入抹茶汁，继续搅拌均匀。

5 将低筋面粉过筛至碗里，用手动搅拌器搅拌至无干粉状，制成蛋黄糊。

制作蛋白糊

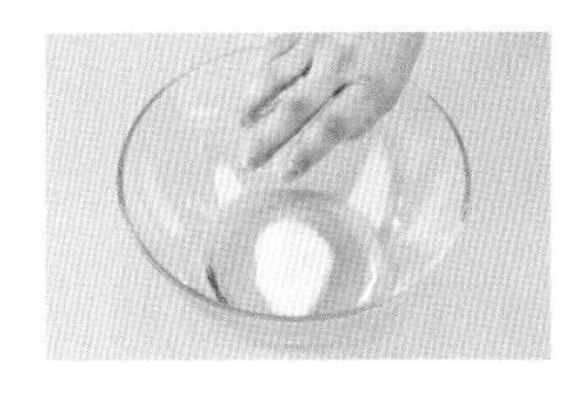

6 将蛋白和40克细砂糖倒入另一个大玻璃碗中。

7 用电动搅拌器将蛋白搅打至九分发，制成蛋白糊。

制作蛋糕糊

8 用橡皮刮刀将一半的蛋白糊倒入蛋黄糊中，翻拌均匀。

☆如果蛋白糊比较多，可以分三次加入到蛋黄糊中。

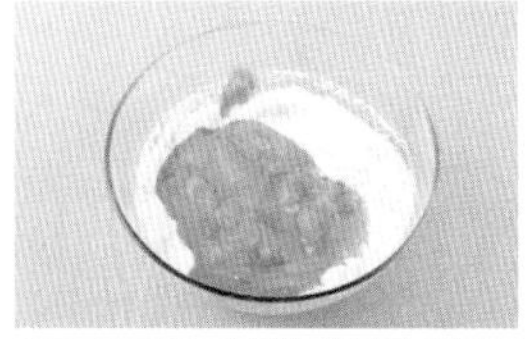

9 将拌匀的材料倒入装有剩余蛋白糊的大玻璃碗中，继续翻拌均匀，制成蛋糕糊。

入模烘烤

10 取烤盘，铺上油纸，倒入蛋糕糊，轻震几下排出大气泡。

11 将烤盘放入已预热至190℃的烤箱中层，烘烤约20分钟，取出烤盘，稍稍放凉，倒扣在操作台铺着的油纸上，撕掉表面的油纸。

制作内馅

12 将内馅材料中的淡奶油、细砂糖倒入干净的大玻璃碗中，用电动搅拌器搅打至九分发。

13 倒入蜜红豆，用橡皮刮刀翻拌均匀，制成内馅。

☆可以在烘烤蛋糕时制作内馅。

装饰蛋糕

14 用抹刀将内馅均匀抹在蛋糕表面，再用刀修剪一下蛋糕四周。

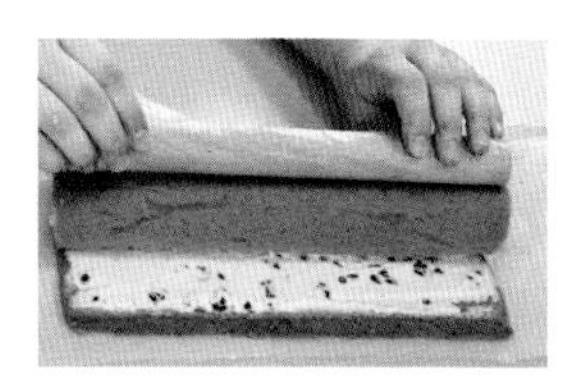

15 用擀面杖辅助提起油纸，并将蛋糕卷成卷，放入冰箱冷藏约30分钟。

16 取出蛋糕，撕掉油纸，切成厚度一致的块即可。

芒果蛋糕卷

烘烤时间：25 分钟　烤箱温度：上、下火 180℃

难易度 ★★☆

材料（分量：1个）

蛋糕体

牛奶70毫升
低筋面粉90克
蛋黄液108克
蛋白160克
细砂糖90克
植物油70毫升
香草精2克

夹馅

动物性淡奶油150克
细砂糖10克
芒果条25克

装饰

芒果丁20克
薄荷叶少许

制作步骤

制作蛋黄糊

1 将植物油、牛奶倒入大玻璃碗中。

2 碗中再倒入香草精，用手动搅拌器搅拌均匀。

3 将低筋面粉过筛至碗中，搅拌至无干粉状。

4 倒入蛋黄液，搅拌均匀，即成蛋黄糊。

制作蛋白糊

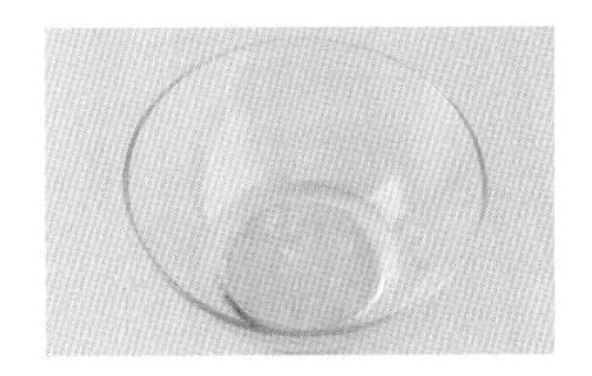

5 将蛋白倒入另一个大玻璃碗中，再倒入一半的细砂糖，用电动搅拌器搅打均匀。

6 再倒入一半的细砂糖，继续搅打均匀至九分发，即成蛋白糊。

制作蛋糕糊

7 分2次将蛋黄糊倒入蛋白糊中，每次均用橡皮刮刀翻拌均匀，即成蛋糕糊。

☆蛋糕糊制作好后不易搁置太久，尤其是气温较高的时候。

入模烘烤

8 取烤盘，铺上高温布，倒入蛋糕糊，轻震几下排出大气泡，放入已预热至180℃的烤箱中层，烘烤约25分钟。

组合装饰

9 将动物性淡奶油、细砂糖倒入干净的大玻璃碗中，用电动搅拌器搅打至九分发。

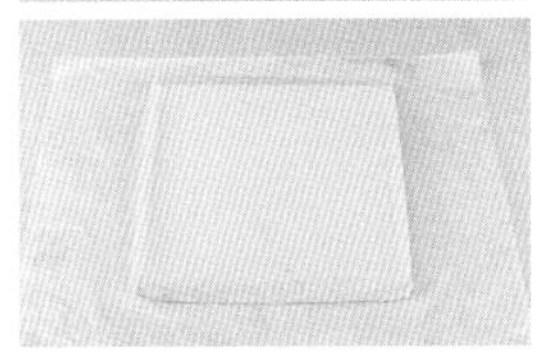

10 取出烤好的蛋糕，放凉至室温，倒扣在铺有油纸的操作台上，再用刀修剪掉两边。

11 用抹刀将打发的淡奶油均匀抹在蛋糕上。

12 将芒果条放在一边，用擀面杖辅助将蛋糕卷成卷，再包裹好，放入冰箱冷藏约30分钟。

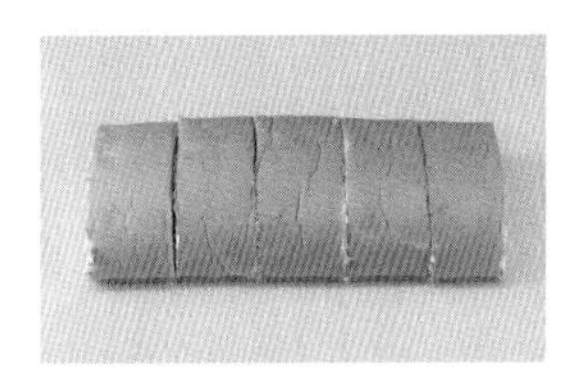

13 取出冷藏好的蛋糕，去掉油纸，再分切成厚度一致的卷。

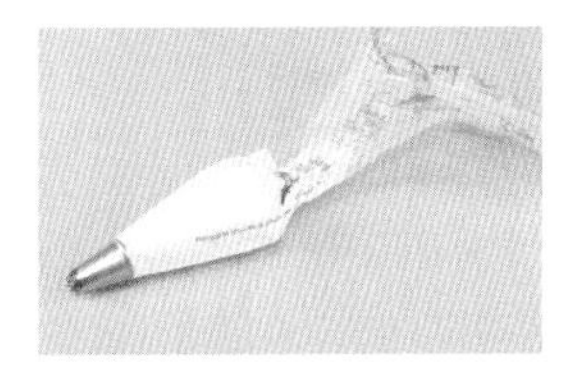

14 将剩余打发淡奶油装入套有大号圆齿裱花嘴的裱花袋，挤在蛋糕上，再放上芒果丁装饰即可。

浮云蛋糕卷

烘烤时间：25 分钟　烤箱温度：上、下火 170℃

难易度 ★★★

材料（分量：1个）

蛋黄糊

牛奶280毫升
无盐黄油45克
盐1.3克
蛋黄86克
细砂糖10克
低筋面粉45克

蛋白糊

蛋白135克
细砂糖50克

装饰

淡奶油160克
细砂糖12克
草莓块适量
芒果丁适量
薄荷叶少许
粉红色食用色素少许

制作步骤

制作蛋黄糊

1 将蛋黄、细砂糖倒入大玻璃碗中，用手动搅拌器搅拌均匀，筛入低筋面粉，搅拌至无干粉状态。

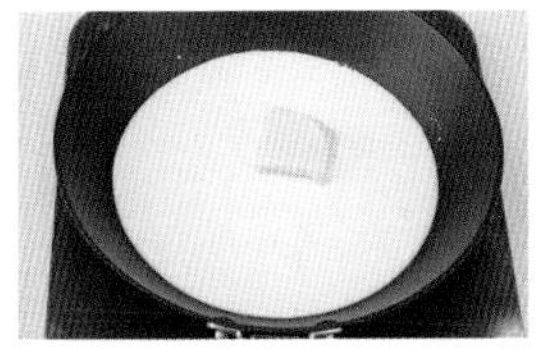

2 锅中倒入牛奶、无盐黄油、盐，用中火加热至沸腾，搅拌至材料混合均匀，倒入面糊中，边倒边不停地搅拌，即成蛋黄糊。

制作蛋白糊

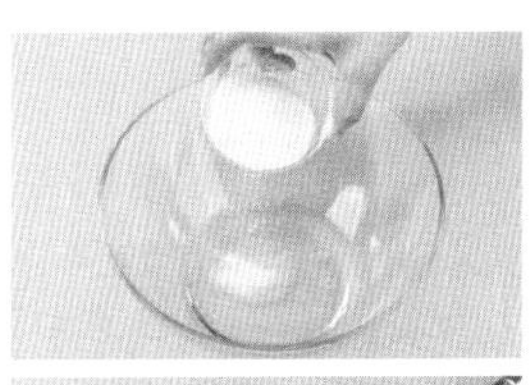

3 另取一个大玻璃碗，倒入蛋白，再先后分3次倒入细砂糖，用电动搅拌器搅打均匀至九分发，即成蛋白糊。

制作蛋糕糊

4 分三次将蛋白糊倒入蛋黄糊中，用橡皮刮刀翻拌均匀，即成蛋糕糊。

入模烘烤

5 取方形烤盘，铺上高温布，倒入蛋糕糊，用刮板抹匀、抹平。

6 放入已预热至170℃的烤箱中层，烘烤约25分钟，取出，撕掉高温布后放在油纸上，晾凉至室温。

打发淡奶油

7 将装饰材料中的淡奶油、细砂糖倒入干净的大玻璃碗中，用电动搅拌器搅打至九分发。

8 将已打发的淡奶油分成3份：第1份加入粉红色食用色素拌匀后装入套有圆齿嘴的裱花袋里；第2份装入套有圆形裱花嘴的裱花袋里；第3份打发淡奶油直接装入裱花袋里。

装饰蛋糕

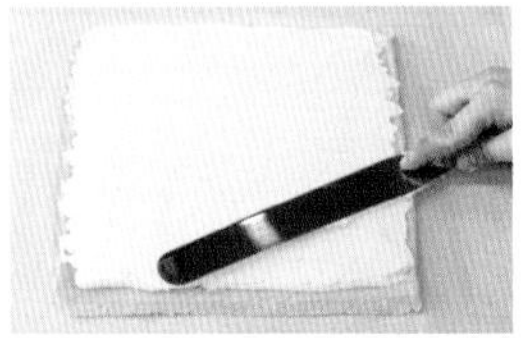

9 将部分第3份原色奶油挤在蛋糕上，再用抹刀抹平。

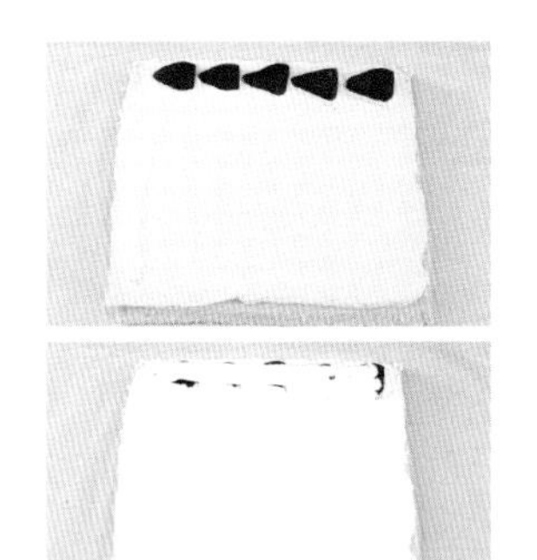

10 在蛋糕一边放上一排对半切开的草莓，再将剩余的第3份原色奶油挤在草莓上。

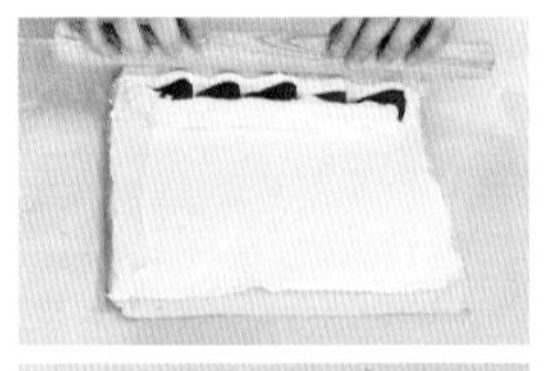

11 用擀面杖辅助将蛋糕卷成卷，放入冰箱冷藏约20分钟。

☆卷的速度和力度一定要在操作时控制好，以免蛋糕表面开裂。

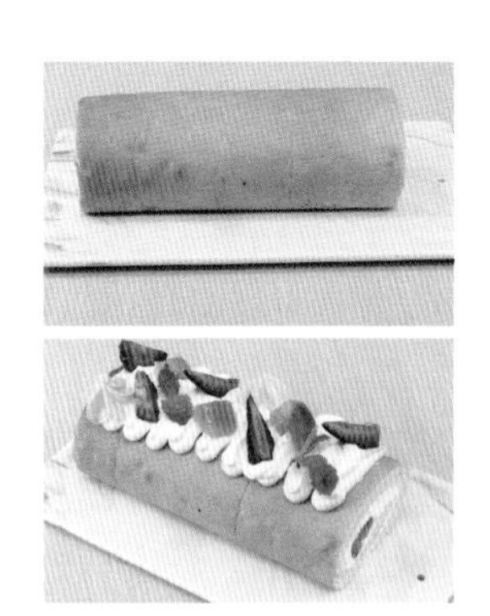

12 取出蛋糕卷，撕掉油纸，再装入盘中，将第2份已打发淡奶油来回挤在蛋糕卷上，放上草莓块、芒果丁、薄荷叶，再挤上第1份粉色奶油作装饰即可。

一口酥心

蛋糕加奶油本已是绝配，加入草莓，便成就了新味道，一口下去心化了。

奶牛蛋糕卷

烘烤时间：25 分钟　烤箱温度：上、下火 175℃转上、下火 165℃

难易度
★★☆

材料（分量：1个）

蛋糕体

蛋白180克
牛奶100毫升
玉米油50毫升
低筋面粉65克
玉米淀粉20克
细砂糖65克
柠檬汁10毫升
香草精3克
竹炭粉3克

装饰

淡奶油150克

制作步骤

制作面糊

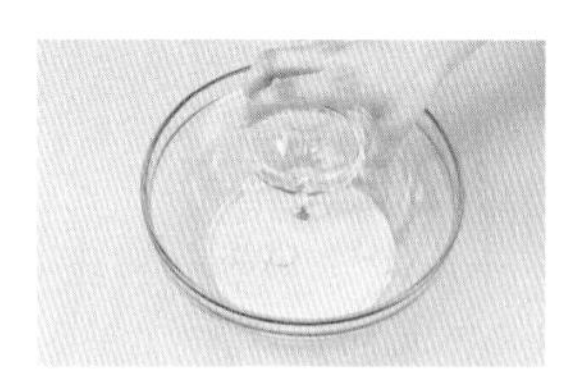

1 将牛奶、玉米油倒入大玻璃碗中，用手动搅拌器搅拌均匀。

2 倒入35克蛋白，快速搅拌均匀。

3 将低筋面粉、玉米淀粉过筛至碗里，搅拌至无干粉状，即成面糊，待用。

制作蛋白糊

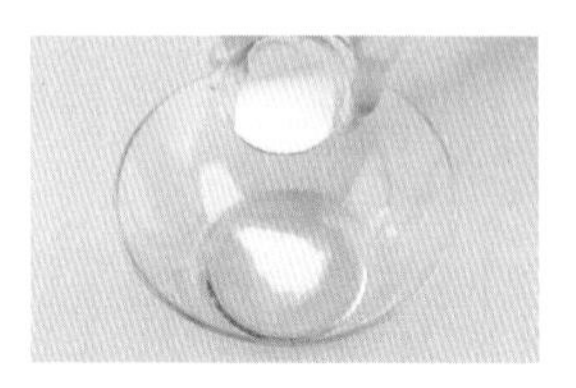

4 将剩余蛋白、1/3的细砂糖倒入另一个大玻璃碗中，用电动搅拌器搅打均匀。

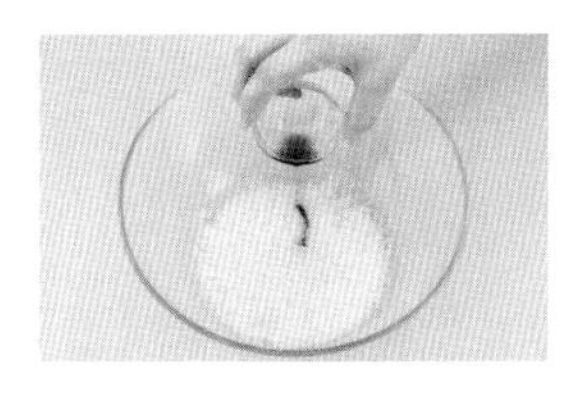

5 倒入柠檬汁、香草精、1/3的细砂糖，继续搅打均匀至五分发。

6 倒入剩余细砂糖，搅打至蛋白呈九分发，即成蛋白糊。

制作蛋糕糊

7 取小玻璃碗，倒入适量面糊、竹炭粉，用手动搅拌器搅拌均匀，即成竹炭糊，待用。

8 用橡皮刮刀将一半的蛋白糊刮入装有面糊的大玻璃碗中，翻拌均匀，即成原味蛋糕糊。

9 将竹炭糊倒入装有剩余蛋白糊的大玻璃碗中，用橡皮刮刀翻拌均匀，即成竹炭蛋糕糊。

入模烘烤

10 将拌匀的竹炭蛋糕糊装入裱花袋里。

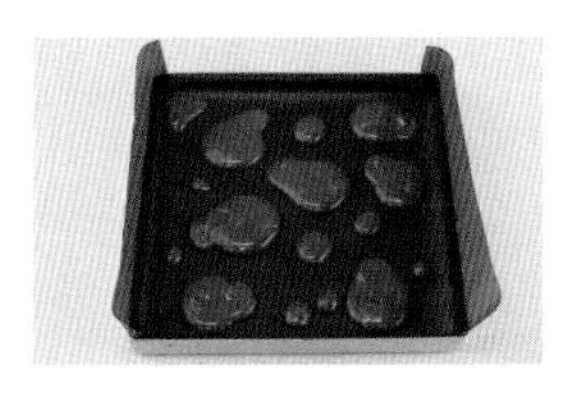

11 取烤盘，铺上高温布，用竹炭蛋糕糊挤出奶牛斑纹造型，移入预热至175℃的烤箱中层，烤3分钟。

12 取出烤盘，将原味蛋糕糊倒在奶牛斑纹造型面糊上，轻振几下。

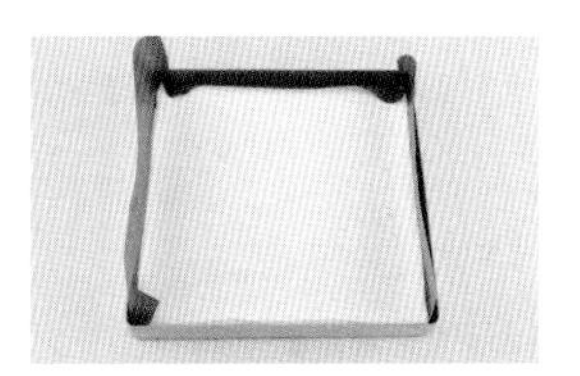

13 将烤盘移入已预热至165℃的烤箱中层，再烤约22分钟，取出蛋糕，放凉至室温。

组合装饰

14 将淡奶油倒入干净的大玻璃碗中，用电动搅拌器搅打至九分发。

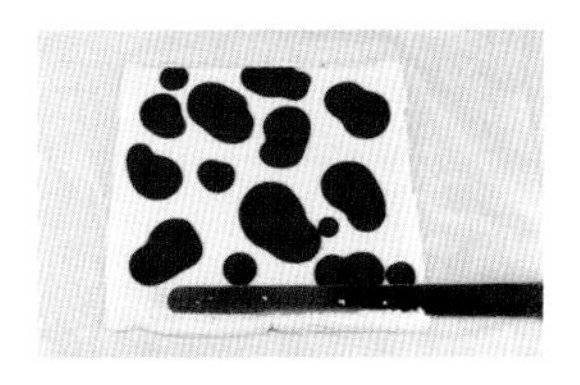

15 提起高温布，将蛋糕倒扣在铺有油纸的操作台上，撕掉高温布，用齿刀修裁一下蛋糕的两边，再将没有牛奶斑纹的一面朝上。用抹刀将已打发的淡奶油均匀涂抹在蛋糕表面，提起蛋糕，将其卷成卷，冷藏一会儿，待食用时切成合适的大小即可。

栗子蛋糕卷

烘烤时间：15 分钟　烤箱温度：上、下火 180℃

材料（分量：1个）

蛋糕坯

蛋黄液100克
蛋白160克
低筋面粉50克
细砂糖90克
无盐黄油40克

栗子奶油馅

栗子泥150克
无盐黄油57克
朗姆酒4毫升
动物性淡奶油适量

装饰

熟栗子仁4个
薄荷叶少许

制作步骤

制作蛋黄糊

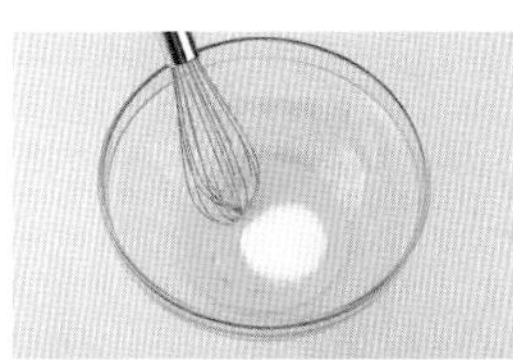

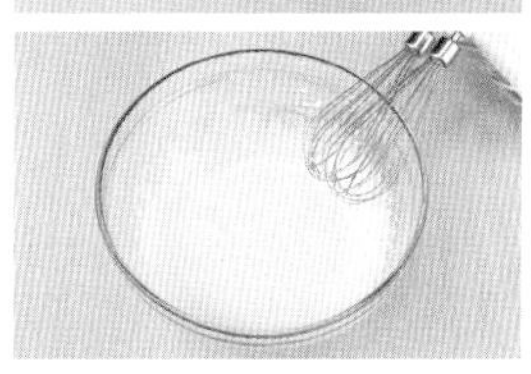

1 将蛋黄液倒入大玻璃碗中，用手动搅拌器搅拌均匀，倒入20克细砂糖，用电动搅拌器搅打至发起。

打发蛋白

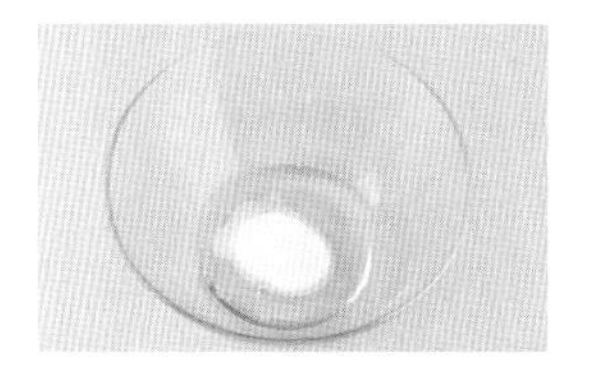

2 将蛋白和70克细砂糖倒入另一个大玻璃碗中，用电动搅拌器搅打至发起。

制作蛋糕糊

3 将搅打好的蛋黄液倒入打发的蛋白中，用橡皮刮刀翻拌均匀，筛入低筋面粉，翻拌均匀至无干粉状态。

4 将无盐黄油隔热水搅拌至熔化，再加入大玻璃碗中，搅拌均匀，即成蛋糕糊。

入模烘烤

5 取烤盘，铺上高温布，倒入蛋糕糊，轻振几下排出大气泡，放入已预热至180℃的烤箱中层，烤约15分钟，取出，放凉。

制作栗子奶油馅

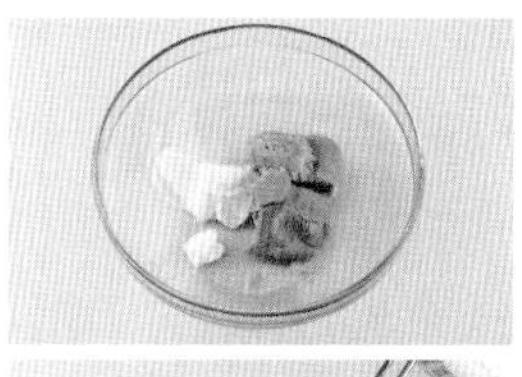

6 将栗子泥、无盐黄油倒入大玻璃碗中，用电动搅拌器搅打均匀。

☆可以直接购买袋装板栗肉，并提前放入蒸锅蒸熟。

7 倒入朗姆酒，继续搅打均匀，即成栗子馅。

8 将动物性淡奶油倒入干净的大玻璃碗中，用电动搅拌器搅打均匀。

9 取大约50克的栗子馅倒入已打发的动物性淡奶油中，继续搅打均匀，即成栗子奶油馅。

☆搅打前可用橡皮刮刀翻压几次，这样搅打时会更省时省力。

组合成蛋糕卷

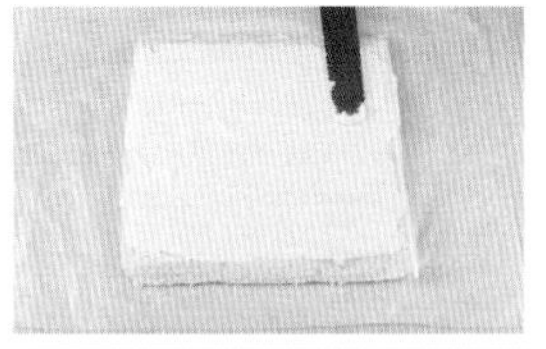

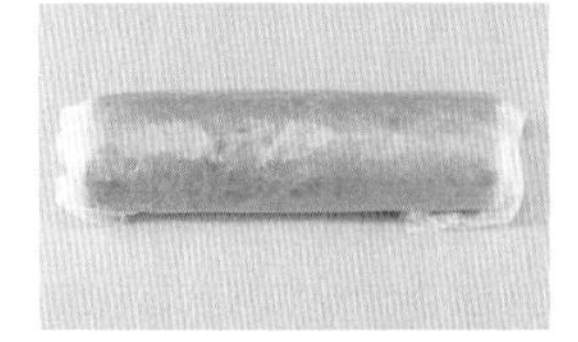

10 撕掉高温布，将蛋糕烤至上色的一面朝下铺在油纸上，用抹刀将栗子奶油馅均匀涂抹在蛋糕表面，将蛋糕卷成卷，再包裹好。

☆可用擀面杖辅助着将油纸卷起。

11 将剩余栗子馅装入套有网洞状裱花嘴的裱花袋里，用剪刀在裱花袋尖端处剪一个小口。

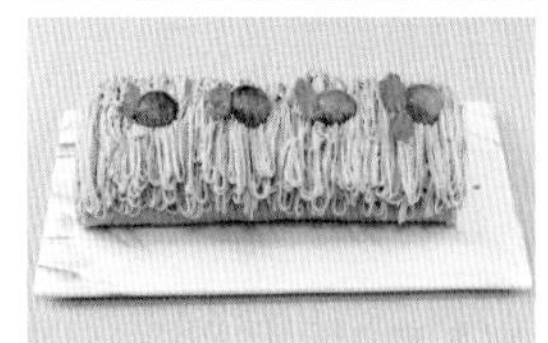

12 撕掉油纸，在蛋糕表面来回挤上栗子馅，将栗子仁、薄荷叶放在栗子馅上做装饰即可。

品出好味道

栗子泥细腻，朗姆酒香醇，带来惊喜的味觉体验。

纽约芝士蛋糕

烘烤时间：70 分钟　烤箱温度：上、下火 160℃转上、下火 180℃再转上、下火 160℃

难易度 ★★☆

材料（分量：1个）

饼底

奥利奥饼干80克
无盐黄油（热熔）40克

蛋糕体

奶油奶酪200克
细砂糖40克
低筋面粉20克
鸡蛋50克
酸奶油100克
柳橙果粒酱15克
牛奶少许
黄油少许

装饰材料

酸奶油100克
糖粉20克
新鲜蓝莓适量

制作步骤

制作饼干底

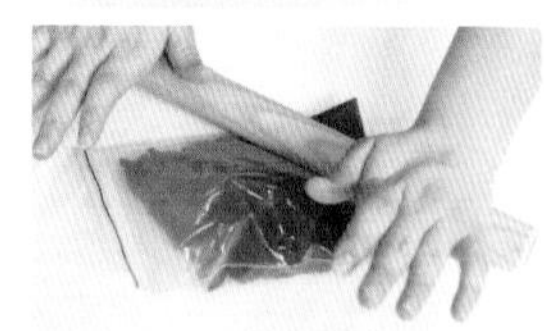

1 将奥利奥饼干装入塑料袋中，用擀面杖碾成碎末，装入碗中。

2 加入熔化的无盐黄油，搅拌均匀后倒入模具中，压实，放入冰箱冷冻5分钟定型。

制作蛋糕糊

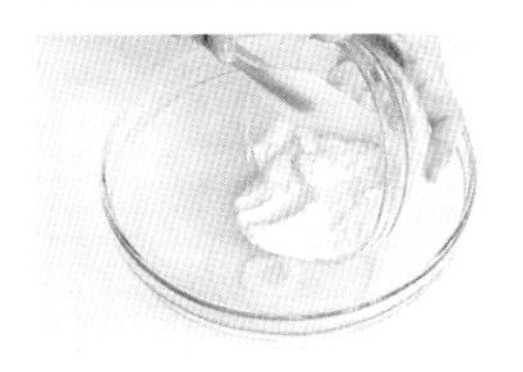

3 将奶油奶酪和细砂糖倒入搅拌盆中打至软滑。

4 加入牛奶、酸奶油和柳橙果粒酱，搅拌均匀。

5 倒入鸡蛋，搅拌均匀。

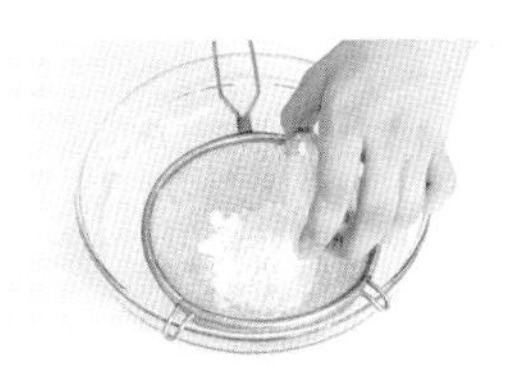

6 筛入低筋面粉，继续搅拌均匀，制成蛋糕糊。

入模烘烤

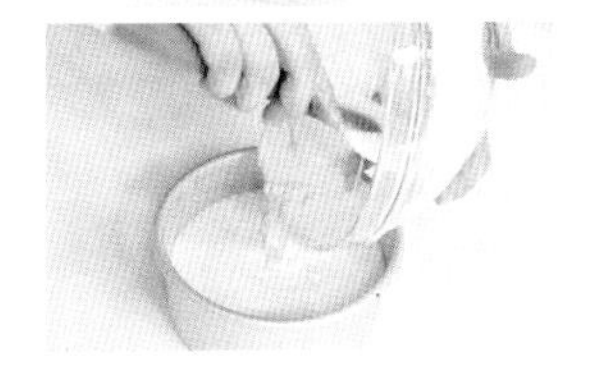

7 将模具刷上少许黄油，把蛋糕糊倒入模具中。

8 放入预热至160℃的烤箱中，烘烤约50分钟。再调至180℃烘烤10分钟，取出烤好的蛋糕。

☆再烘烤10分钟是为了让蛋糕表面的颜色更深。

装饰

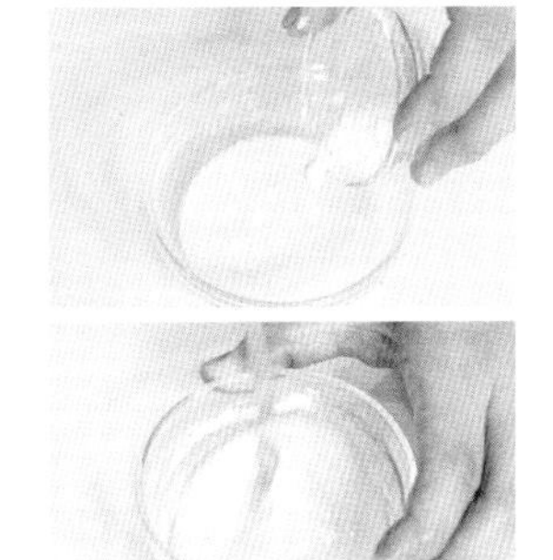

9 将酸奶油和糖粉混合均匀，制成装饰材料。

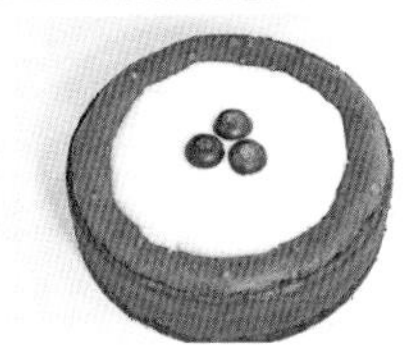

10 将烤好的蛋糕放凉后脱模，将装饰材料倒于表面，再放入预热至160℃的烤箱中，烘烤约10分钟，取出，放上新鲜蓝莓装饰即可。

☆不要趁热脱模，因为蛋糕会迅速回缩，而且会沾在模具内壁，影响外观。

轻乳酪蛋糕

烘烤时间：60 分钟　烤箱温度：上、下火 150℃

难易度 ★☆☆

材料（分量：1个）

牛奶170毫升
奶油奶酪135克
蛋黄（3个）54克
蛋白（3个）105克
糖粉80克
玉米淀粉15克
低筋面粉15克
透明镜面果胶适量

制作步骤

制作蛋黄糊

1 将牛奶倒入不锈钢锅中，用中火加热至冒气，放入奶油奶酪，搅拌均匀至完全溶化，制成牛奶奶酪液。

2 将蛋黄、20克糖粉装入大玻璃碗中，混合均匀，倒入牛奶奶酪液，边倒边搅拌均匀。

3 将低筋面粉、玉米淀粉过筛至碗里，搅拌均匀，制成蛋黄糊。

☆也可以加入其他粉料改变口味，如可可粉、抹茶粉。

打发蛋白

4 将蛋白、剩余糖粉倒入另一个大玻璃碗中，用电动搅拌器将碗中材料搅打至九分发。

☆九分发是指提起搅拌器，蛋白不易滴落的状态。

制作蛋糕糊

5 取一半的打发蛋白倒入蛋黄糊中，用橡皮刮刀翻拌均匀。

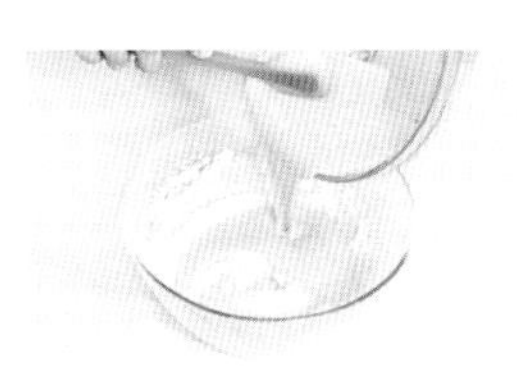

6 将拌匀的混合材料倒入装有剩余打发蛋白的碗中，继续用橡皮刮刀翻拌均匀，制成蛋糕糊。

入模烘烤

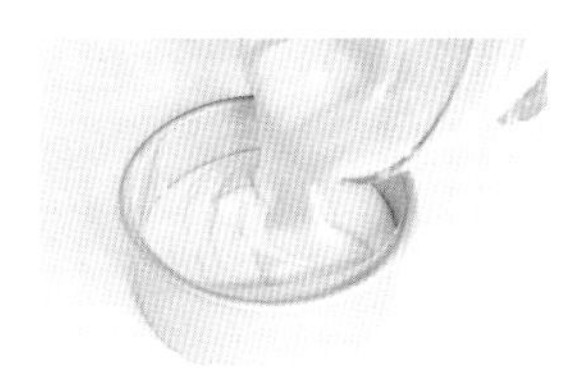

7 取蛋糕模，铺上高温布，再倒入蛋糕糊，轻振几下排出大气泡。

8 将蛋糕模放在已预热至150℃的烤箱中层，烤约60分钟。

9 取出烤好的蛋糕，再用刷子将透明镜面果胶刷在蛋糕表面。

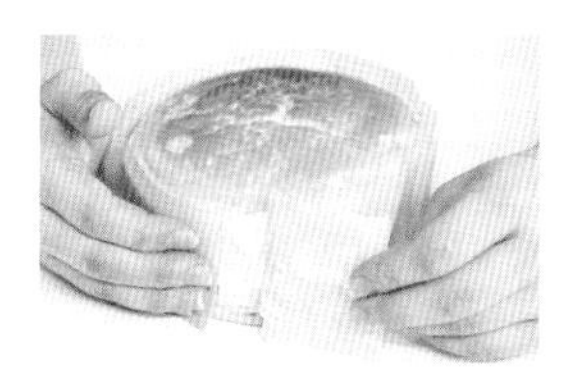

10 将蛋糕脱模后撕掉高温布即可。

柠檬蓝莓蛋糕

烘烤时间：25 分钟　烤箱温度：上、下火 170℃

难易度 ★★☆

材料（分量：1个）

蛋糕糊

植物油50毫升
蜂蜜60克
浓缩柠檬汁10毫升
柠檬皮屑15克
鸡蛋110克
细砂糖30克
杏仁粉160克
低筋面粉80克
盐1克
泡打粉2克
蓝莓200克

装饰

奶油奶酪100克
君度橙酒10毫升
糖粉15克
浓缩柠檬汁10毫升
蓝莓100克
薄荷叶少许

制作步骤

制作柠檬糖浆

1 在平底锅中倒入植物油、蜂蜜。

2 倒入浓缩柠檬汁，加入柠檬皮屑，煮沸，制成柠檬糖浆。

制作蛋糕糊

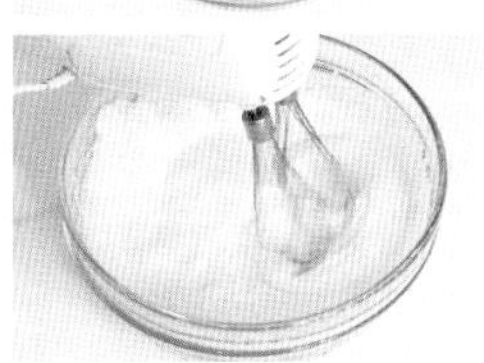

3 在搅拌盆中倒入鸡蛋、细砂糖，搅打至发白状态。

4 往碗中筛入杏仁粉、低筋面粉。

5 加入盐、泡打粉，搅拌均匀。

6 加入柠檬糖浆、蓝莓，搅拌均匀，制成蛋糕糊。

入模烘烤

7 将蛋糕糊倒入铺有油纸的蛋糕模具中。

8 放入预热至170℃的烤箱，烘烤约25分钟，取出后放凉。

组合装饰

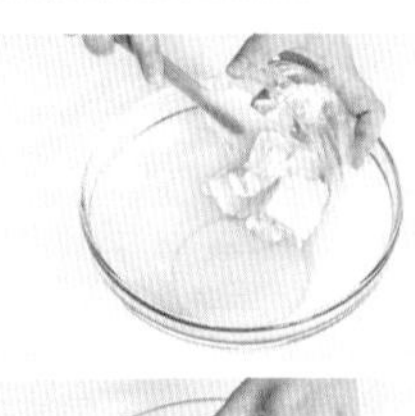

9 将被室温软化的奶油奶酪及糖粉倒入搅拌盆，搅打至顺滑状态。

10 加入君度橙酒、浓缩柠檬汁，搅拌均匀，制成柠檬奶油。

11 将柠檬奶油涂抹在蛋糕的表面。

12 放上蓝莓和薄荷叶装饰即可。

清新一刻

柠檬和薄荷带来新鲜绿色的清新感受，这一刻，拿起它，意味着拥抱世界。

黑森林樱桃蛋糕

烘烤时间：30 分钟　烤箱温度：上、下火 180℃

难易度 ★★☆

材料（分量：1个）

蛋糕坯

低筋面粉57克
玉米淀粉15克
黑可可粉15克
蛋黄（3个）51克
蛋白（3个）110克
细砂糖40克
橄榄油40毫升
牛奶40毫升

装饰

淡奶油200克
罐头樱桃适量
巧克力碎适量

制作步骤

制作蛋黄可可糊

1 将蛋黄倒入大玻璃碗中，倒入一半的细砂糖，用手动搅拌器搅匀。

2 倒入橄榄油、牛奶，快速搅拌均匀，倒入玉米淀粉，快速搅匀。

3 将低筋面粉、黑可可粉过筛至碗里，用手动搅拌器搅拌至无干粉状态，制成蛋黄可可糊。

制作蛋糕糊

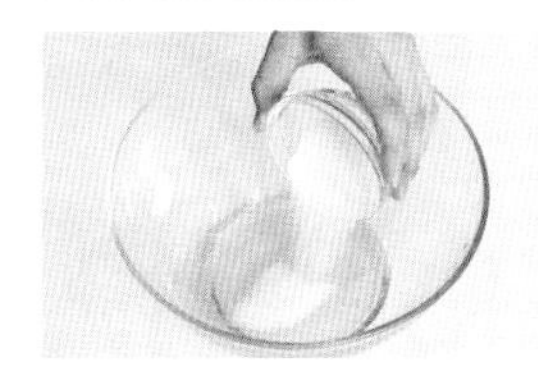

4 将蛋白、剩余细砂糖倒入另一个大玻璃碗中，用电动搅拌器搅打至九分发，制成蛋白糊。

5 用橡皮刮刀将一半的蛋白糊盛入蛋黄可可糊中拌匀，再倒回至装有剩余蛋白糊的大玻璃碗中，翻拌均匀，制成蛋糕糊。

入模烘烤

6 将蛋糕糊倒入蛋糕模中，轻振几下，放入已预热至180℃的烤箱中层，烤约30分钟。

☆烤箱最好在制作蛋糕前就预热好。

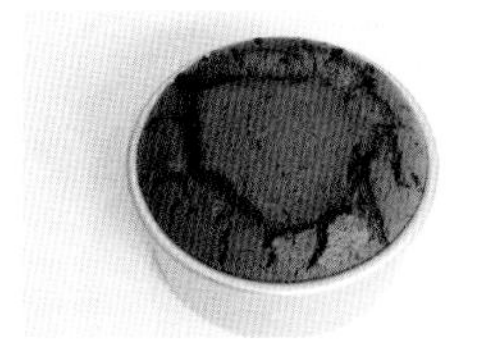

7 取出烤好的蛋糕，倒扣在烤网上放凉至室温。

组合装饰

8 将淡奶油倒入大玻璃碗中，用电动搅拌器搅打至干性发泡，待用。

9 将蛋糕脱模后放在转盘上，横切成三片，在一片蛋糕上抹上打发的淡奶油，放上罐头樱桃。

10 盖上另一片蛋糕片，继续抹上淡奶油，放上罐头樱桃，盖上最后一片蛋糕，抹上淡奶油。

11 将剩余淡奶油装入套有圆齿裱花嘴的裱花袋里，用剪刀在裱花袋尖端处剪一个小口。

12 将巧克力碎均匀涂抹在蛋糕上，再挤出几个造型奶油，装饰上巧克力碎和罐头樱桃即可。

豆乳盒子蛋糕

煮制时间：2～3分钟　煮制温度：100℃

材料（分量：1个）

蛋黄45克
细砂糖55克
玉米淀粉30克
豆浆200毫升
奶油奶酪85克
淡奶油150克
戚风蛋糕片2片
黄豆粉少许
核桃适量

制作步骤

制作蛋黄糊

1 将蛋黄、40克细砂糖倒入大玻璃碗中，用手动搅拌器搅拌至细砂糖完全溶化。

2 将玉米淀粉过筛至碗中，用橡皮刮刀翻拌成无干粉的面糊，即成蛋黄糊。

3 将蛋黄糊倒入锅中，边加热边搅拌至冒泡。

4 倒入豆浆，继续搅拌一会儿至呈浆糊状，于室温下放凉。

制作奶酪糊

5 将奶油奶酪倒入干净的大玻璃碗中，用电动搅拌器搅打均匀。

6 将锅中的材料倒入大玻璃碗中，用电动搅拌器搅打均匀，即成奶酪糊。

7 将奶酪糊装入套有圆齿裱花嘴的裱花袋里，用剪刀在裱花袋尖端处剪一个小口，待用。

打发淡奶油

8 将淡奶油倒入干净的玻璃碗中，再倒入15克细砂糖，搅打至九分发。

9 将打发的淡奶油倒入裱花袋里，用剪刀在裱花袋尖端处剪一个小口，待用。

组合装饰

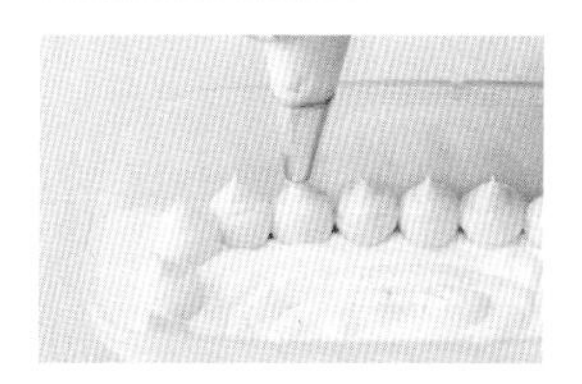

10 将一片戚风蛋糕片放在塑料盒中垫底，按Z形来回挤上一层淡奶油。

11 挤出造型一致的奶酪糊，放上另一片戚风蛋糕片，按照相同方法挤上淡奶油、奶酪糊。

12 中间放上核桃，表面撒上一层黄豆粉做装饰即可。

Chapter 4

量身定做创意蛋糕

生活中总有些惊喜是“定制”的，总有些美好是刻意的。就如同衣服需要量身定做，蛋糕也是一样，需要根据个人的爱好或需求来定做。

巧克力蛋糕

烘烤时间：25 ~ 30 分钟　烤箱温度：上、下火 180℃

材料（分量：1个）

海绵蛋糕体

鸡蛋2个
细砂糖60克
无盐黄油20克
香草精2克
低筋面粉45克
杏仁粉30克
泡打粉2克

糖酒液

水60毫升
细砂糖30克
朗姆酒20毫升

巧克力奶油

淡奶油280克
黄糖糖浆15克
黑巧克力140克

装饰

核桃适量
夏威夷果适量

制作步骤

制作海绵蛋糕体

1 将鸡蛋放入无水油的搅拌盆中，加入细砂糖和香草精，持续搅打至鸡蛋浓稠发白。

2 加入加热熔化的无盐黄油，搅拌均匀至细腻光滑的状态。

3 筛入杏仁粉、低筋面粉、泡打粉，用橡皮刮刀翻拌均匀。

4 将面糊倒入模具中，放入预热至180℃的烤箱中层烘烤25~30分钟。

制作糖酒液

5 将水、细砂糖和朗姆酒混匀，制成糖酒液。

制作巧克力奶油

6 将淡奶油80克置于锅中，加入黄糖糖浆，搅拌均匀至液面边缘冒小泡时，关火。

7 倒入黑巧克力中，搅拌至巧克力完全溶化，制成巧克力奶油。

8 将200克淡奶油放入新的搅拌盆中快速打发，分次加入到巧克力奶油中，搅拌均匀。

组合装饰

9 将烤好的海绵蛋糕取出，放凉，放在转盘上切片，其中一片的表层抹上一层巧克力奶油。

10 取另一片海绵蛋糕片，在表面涂糖酒液。

11 将有糖酒液的一面盖在巧克力奶油上。

12 再重复一次步骤9至步骤11，最后在蛋糕体表面装饰上巧克力奶油，撒些许核桃和夏威夷果即可。

蜂蜜柚子戚风蛋糕

烘烤时间：30 分钟　烤箱温度：上、下火 180℃

难易度 ★★★

材料（分量：1个）

蜂蜜柚子戚风蛋糕体

蛋黄45克
蜂蜜10克
盐0.5克
蜂蜜柚子30克
植物油25毫升
低筋面粉68克
蛋白110克
细砂糖40克

蜂蜜柚子慕斯

鱼胶粉6克
清水90毫升
蜂蜜柚子130克
已打发淡奶油200克
君度橙酒10毫升

装饰奶油

淡奶油130克
紫色食用色素少许

装饰材料

草莓（切半）1个
圣女果（对半切齿轮状）1个
葡萄3颗
火龙果（切片）适量
彩针糖适量

制作步骤

制作蜂蜜柚子戚风蛋糕体

1 将蛋黄、蜂蜜、盐、蜂蜜柚子、植物油倒入大玻璃碗中，用手动搅拌器搅拌均匀。

2 将低筋面粉过筛至碗中，搅拌成无干粉的面糊。

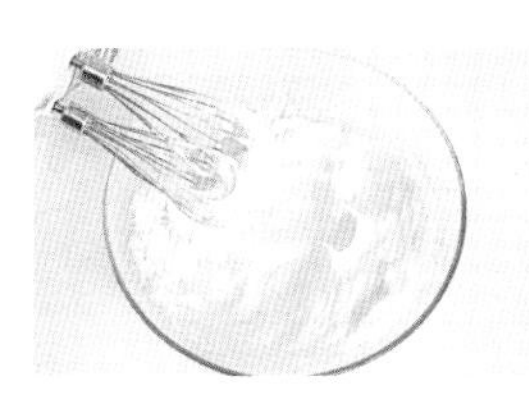

3 将蛋白倒入另一个大玻璃碗中，再倒入细砂糖，用电动搅拌器搅打至蛋白发泡。

4 将打发蛋白分2次倒入面糊中混匀，即成蛋糕液。

5 将蛋糕液倒入蛋糕模中，轻轻振几下蛋糕模，排出空气，静置一会儿，使蛋糕液表面平整。

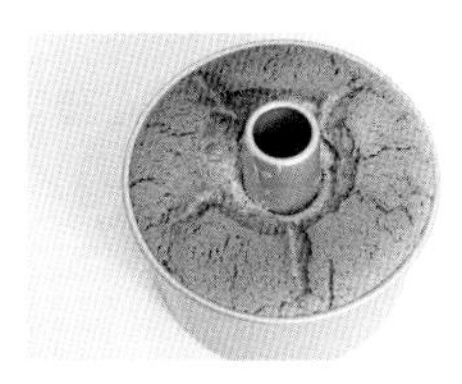

6 移入已预热至180℃的烤箱中层，烤约30分钟，即成蜂蜜柚子戚风蛋糕体，取出。

7 用抹刀将其脱模后放在转盘上，用切刀将蛋糕分切成3片厚薄一致的蛋糕片。

制作蜂蜜柚子慕斯

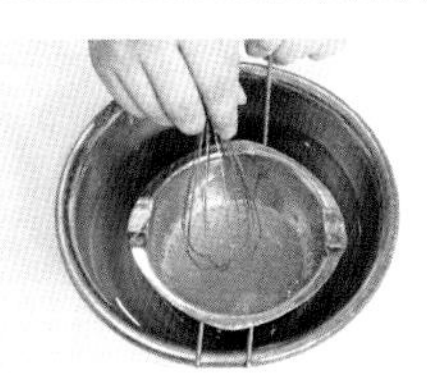

8 将清水倒入小钢锅中，再倒入鱼胶粉，边隔热水加热边搅拌均匀。

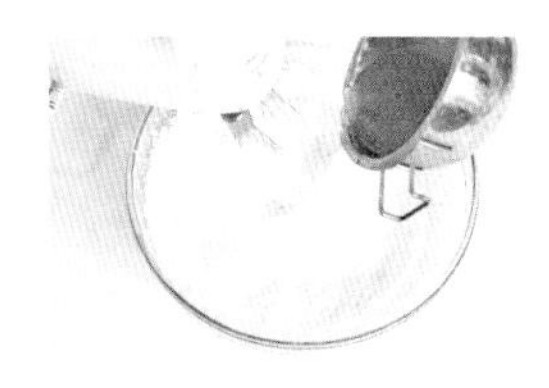

9 倒入装有已打发淡奶油的大玻璃碗中，用电动搅拌器搅打均匀。

10 倒入君度橙酒、蜂蜜柚子，继续搅打均匀，即成蜂蜜柚子慕斯。

组合

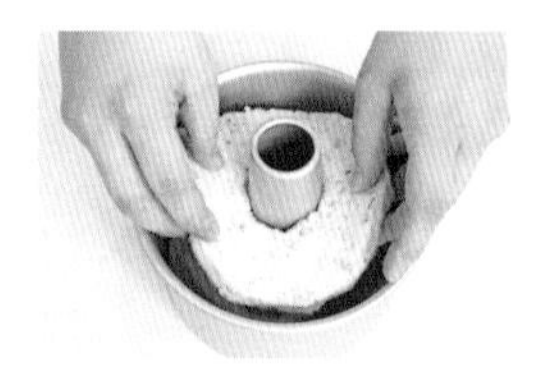

11 取一片蛋糕片放在蛋糕模里，再放上一层蜂蜜柚子慕斯。

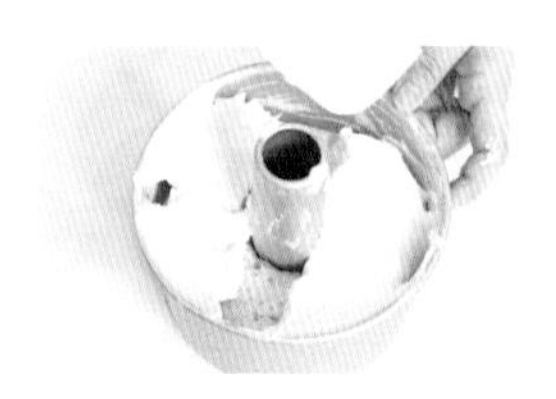

12 放上另一片蛋糕片，用软刮刀抹上适量蜂蜜柚子慕斯。

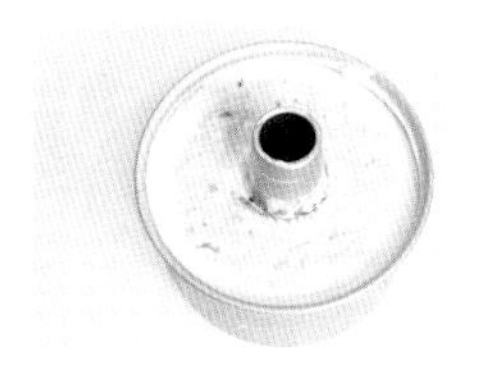

13 放上最后一片蛋糕片，再取适量蜂蜜柚子慕斯，用软刮刀均匀抹在表面。

14 移入冰箱冷冻约2小时，取出倒扣在放有平底盘的转盘上，将蛋糕脱模。

15 将剩余蜂蜜柚子慕斯用抹刀均匀抹在脱模的蛋糕表面。

装饰

16 取适量淡奶油加紫色食用色素搅打成紫色奶油，将剩余淡奶油打发，装入细嘴裱花袋里。

17 一边转动转盘，一边用小抹刀将紫色奶油抹在蛋糕侧面。

18 在蛋糕表面用裱花袋挤上一层细长的淡奶油。

19 放上草莓、葡萄、圣女果、火龙果做装饰。

20 一边转动转盘，一边用小抹刀将彩针糖粘在蛋糕底部即可。

抹茶奶油戚风蛋糕

烘烤时间：30 分钟　　烤箱温度：上、下火 180℃

难易度 ★★★

材料（分量：1个）

抹茶戚风蛋糕

蛋黄45克
细砂糖58克
盐0.5克
抹茶粉7克
牛奶55毫升
植物油25毫升
低筋面粉62克
蛋白110克

芒果布丁

清水130毫升
细砂糖13克
芒果布丁粉35克

抹茶奶油

甜奶油140克
抹茶粉5克
君度橙酒2毫升
淡奶油20克

装饰奶油

淡奶油100克
抹茶粉5克

装饰材料

苹果片适量
菠萝丁适量
蓝莓适量
葡萄（对半切锯齿花形）1个
薄荷叶少许

制作步骤

制作抹茶戚风蛋糕

1 依次将蛋黄、13克细砂糖、盐、抹茶粉、牛奶、植物油倒入大玻璃碗中，搅拌均匀。

2 将低筋面粉过筛至碗中，拌成无干粉的面糊。

3 将蛋白、45克细砂糖倒入另一玻璃碗中，用电动搅拌器打至发泡。

4 将一半打发好的蛋白倒入面糊中，混合均匀，再倒回至剩余的蛋白中，翻拌均匀，即成蛋糕糊。

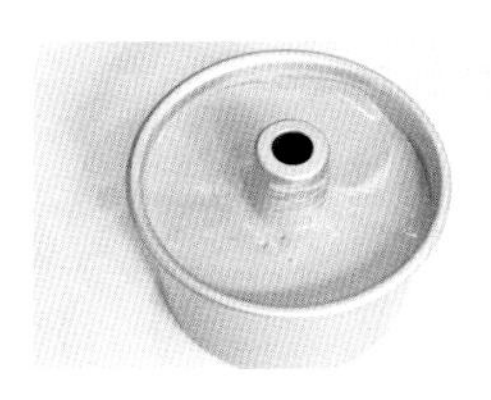

5 将蛋糕糊倒入蛋糕模内，轻轻振几下蛋糕模，排出空气，使蛋糕液表面平整。

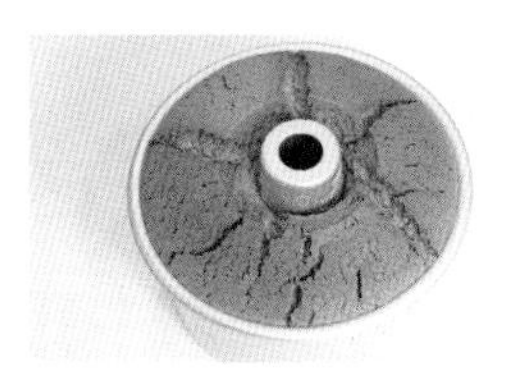

6 移入已预热至180℃的烤箱中层，烤约30分钟，即成抹茶戚风蛋糕，取出。

制作芒果布丁

7 将清水、细砂糖倒入平底锅中，边加热边搅拌至细砂糖完全溶化。

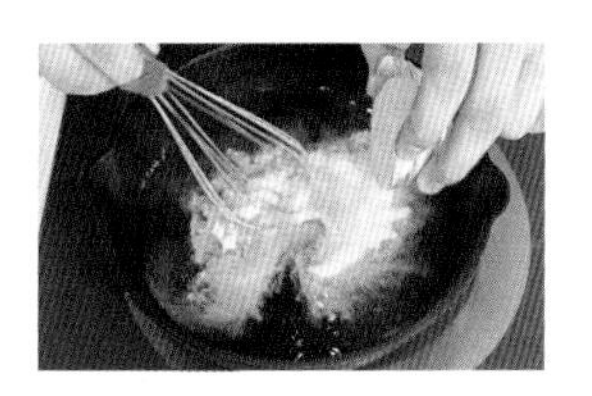

8 倒入芒果布丁粉，搅拌均匀，装入玻璃碗中，移入冰箱冷藏2小时，即成芒果布丁。

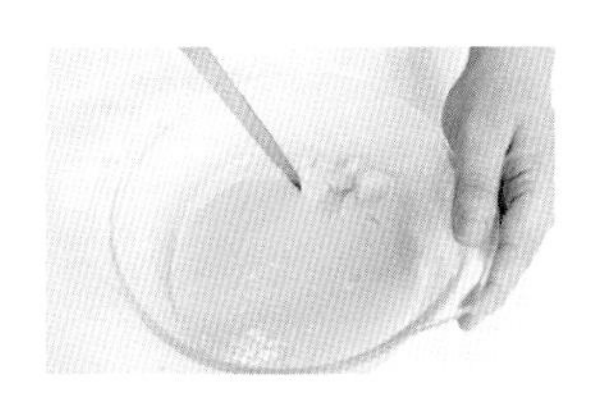

9 取出冻好的芒果布丁，用刀将其划成小块的布丁。

制作抹茶奶油

10 将甜奶油、淡奶油倒入干净的大玻璃碗中，再倒入君度橙酒，用电动搅拌器搅打至发泡。

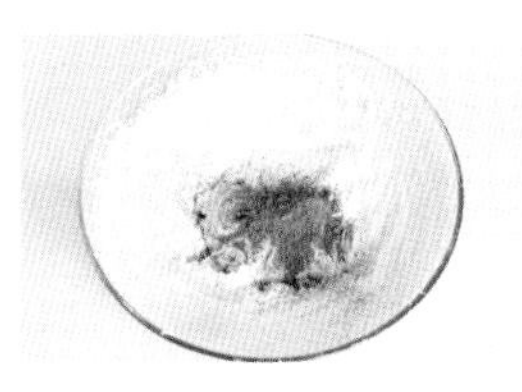

11 倒入抹茶粉，搅打至无干粉状态，即成抹茶奶油。

组合及装饰

12 将戚风蛋糕脱模，放在转盘上，用切刀将蛋糕分切成2片蛋糕片。

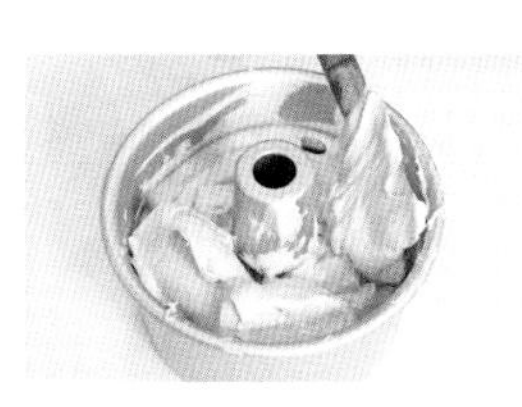

13 取一片蛋糕放入蛋糕模，将适量抹茶奶油抹在蛋糕片上，再放上芒果布丁、抹茶奶油。

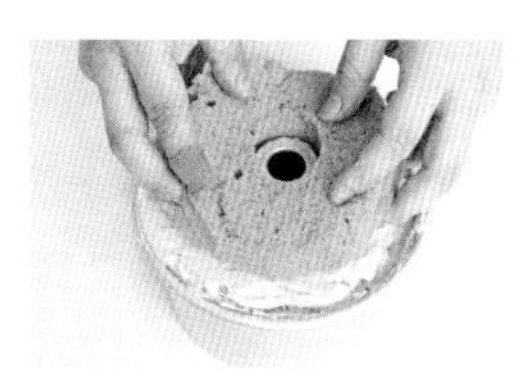

14 放上最后一片蛋糕，在表面抹上抹茶奶油，冷藏2小时后脱模。

15 50克淡奶油加5克抹茶打发后抹在蛋糕表面，剩余50克淡奶油打发后于其侧面挤出纹路。

16 将剩余的抹茶奶油装入裱花袋里，再挤在蛋糕表面。最后依次放上装饰材料即可。

香橙戚风蛋糕

烘烤时间：23 分钟　烤箱温度：上、下火 170℃

难易度 ★★★

材料（分量：1个）

香橙戚风蛋糕圈

蛋黄40克
细砂糖48克
盐0.5克
鲜橙汁58毫升
植物油13毫升
低筋面粉55克
蛋白90克

香橙慕斯

吉利丁6克
蛋黄35克
细砂糖20克
鲜橙汁50毫升
牛奶40毫升
淡奶油200克

装饰

淡奶油100克
君度橙酒2毫升
橙色食用色素少许
樱桃适量

制作步骤

制作香橙戚风蛋糕圈

1 将蛋黄、13克细砂糖、盐依次倒入大玻璃碗中。

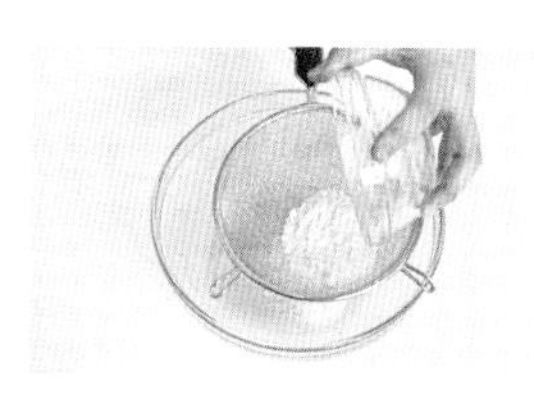

2 倒入鲜橙汁、植物油、过筛的低筋面粉，用手动搅拌器搅拌均匀。

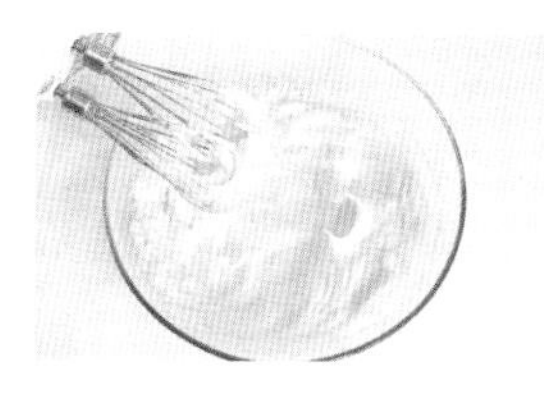

3 将蛋白倒入另一个大玻璃碗中，加入35克细砂糖，用电动搅拌器打发至呈鸡尾状。

4 将打发的蛋白分2次倒入面糊里，搅拌至完全混合均匀，制成蛋糕糊。

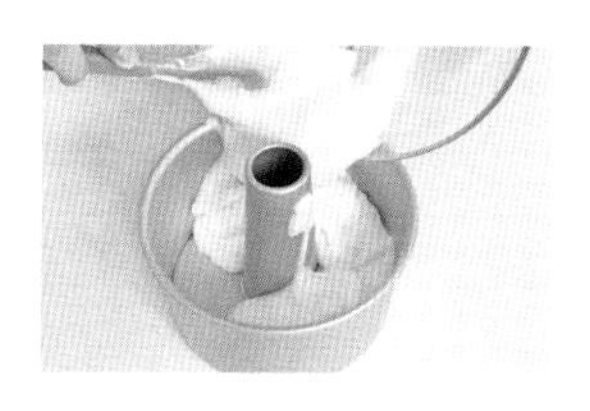

5 将蛋糕糊倒入蛋糕模具内，以软刮刀抹平表面，即成戚风蛋糕坯。

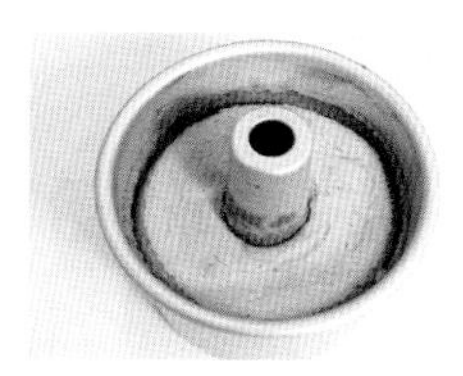

6 移入已预热至170℃的烤箱中层，烤约23分钟后取出。

7 将烤好的蛋糕脱模，再分切成3个厚薄一致的蛋糕圈。

制作香橙慕斯

8 将蛋黄、细砂糖、鲜橙汁倒入另一个大玻璃碗中，用手动搅拌器搅拌均匀。

9 平底锅中倒入牛奶，开火加热，放入吉利丁，边加热边搅拌至其完全溶化。

10 将锅中的材料倒入蛋黄碗中，搅拌均匀，倒入淡奶油后，充分拌匀，即成香橙慕斯。

打发奶油

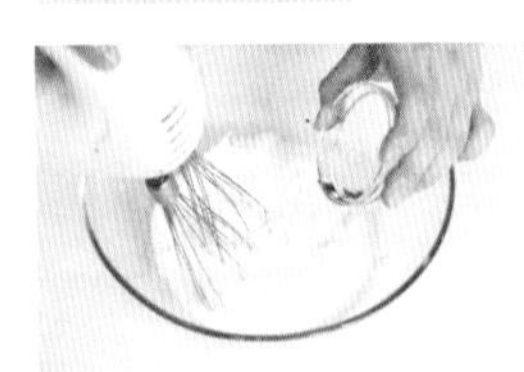

11 将淡奶油倒入另一个大玻璃碗中，倒入君度橙酒后用电动搅拌器搅打均匀。

☆ 搅打时用中速即可，太快时奶油容易飞溅出来。

12 取一半打匀的淡奶油，加入橙色食用色素，搅拌均匀，即成橙色奶油。

13 另一半继续搅打一会儿，即成装饰奶油。

组合装饰

14 将一片切好的蛋糕放入模具内，倒入适量香橙慕斯，用软刮刀抹平。

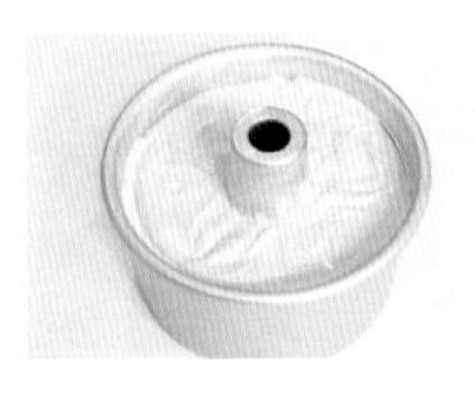

15 放上另一片蛋糕片，再倒入适量香橙慕斯，用软刮刀抹平。

16 放上最后一片蛋糕，移入冰箱冷藏一会儿。

17 取出冷藏好的蛋糕，脱模。

18 用抹刀均匀涂上一层装饰奶油，再均匀涂上一层橙色奶油。

19 用橙色奶油在蛋糕上面挤出花边，放上樱桃。

20 用装饰奶油在蛋糕底部挤上一圈“珍珠”，最后在蛋糕上面挤出数个小“爱心”即可。

鲜果奶油戚风蛋糕

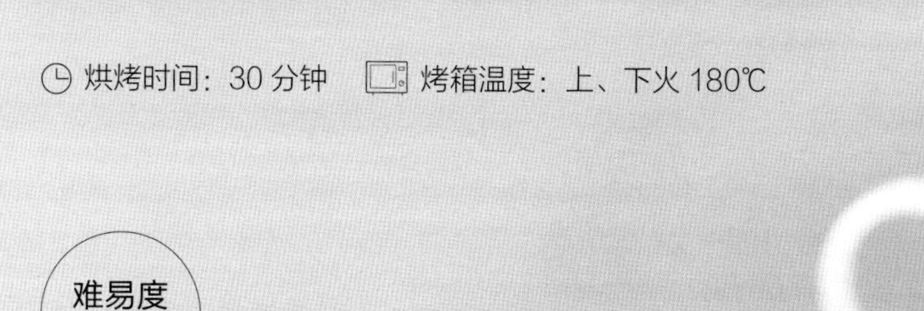

烘烤时间：30 分钟　烤箱温度：上、下火 180℃

难易度 ★★★

材料（分量：1个）

原味戚风蛋糕

蛋黄45克
细砂糖55克
盐0.5克
牛奶55毫升
植物油26毫升
低筋面粉65克
蛋白110克

奶油慕斯

鱼胶粉4克
细砂糖15克
牛奶30毫升
打发淡奶油190克
朗姆酒8毫升

蛋糕馅料

草莓粒、黄桃粒、火龙果粒共100克

装饰奶油

淡奶油30克
黄色食用色素少许
粉红色食用色素少许

装饰水果

草莓（对半切）1个
蓝莓适量
葡萄（对半切成锯齿花形）1个
水蜜桃块适量
透明果胶适量
可可粉少许
薄荷叶少许

制作步骤

制作原味戚风蛋糕

1 将蛋黄、10克细砂糖倒入大玻璃碗中，用手动搅拌器搅拌匀。

2 倒入盐、牛奶、植物油，继续搅拌均匀。

3 将低筋面粉过筛至大玻璃碗中，搅拌至无干粉的状态。

4 取另一个大玻璃碗，倒入蛋白、45克细砂糖，用电动搅拌器将蛋白搅打至起泡、蓬松。

5 将打好的蛋白分3次倒入打好的蛋黄糊中，边倒边搅打均匀，即成蛋糕糊。

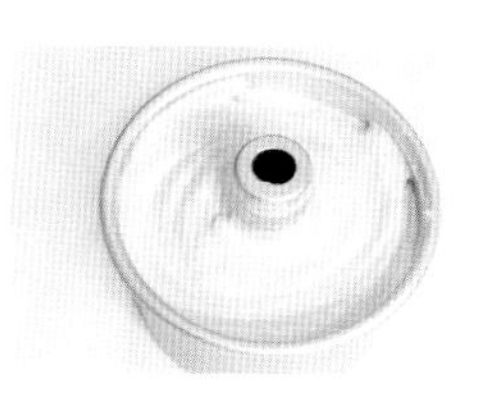

6 将蛋糕糊倒入蛋糕模具中，再移入已预热至180℃的烤箱中层，烤约30分钟。

制作奶油慕斯

7 将牛奶、鱼胶粉、砂糖倒入小钢锅里，边隔热水加热边搅拌均匀。

8 分2次倒入装有打发淡奶油的大玻璃碗中。

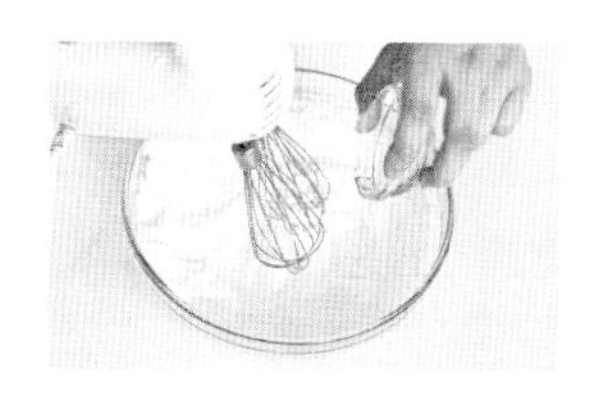

9 倒入朗姆酒，用电动搅拌器将淡奶油继续打发，即成奶油慕斯。

组合

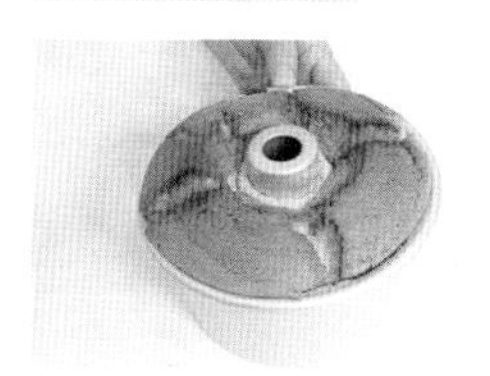

10 取出烤好的蛋糕，脱模，切成3片蛋糕片。

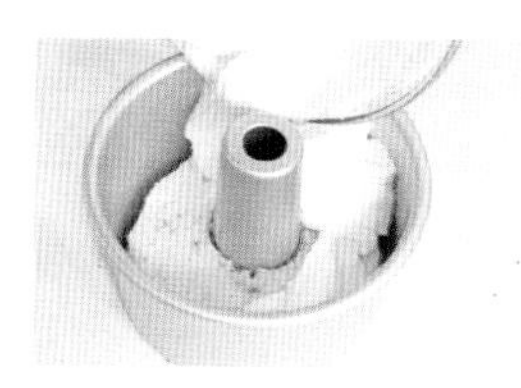

11 放一片蛋糕于蛋糕模具内，倒入一半的奶油慕斯，再放上草莓粒、黄桃粒、火龙果粒。

12 放上第二片蛋糕，倒上剩余奶油慕斯，再放上剩余的蛋糕馅料。

13 放上最后一片蛋糕片，移入冰箱冷冻至凝固后取出，放在转盘上，脱模。

打发奶油及装饰

14 将装饰奶油中的淡奶油打发成原味淡奶油，取2份原味淡奶油分别加2种色素拌匀。

15 将原味淡奶油抹在整个蛋糕上，将粉红色淡奶油抹在侧面，剩余原味淡奶油挤在表面，将黄色淡奶油挤在底边。

16 放上装饰水果、薄荷叶，刷上透明果胶，最后筛上可可粉即可。

圣诞树桩蛋糕

烘烤时间：20 分钟　烤箱温度：上、下火 160℃

难易度 ★★★

材料（分量：3个）

蛋糕体

牛奶87毫升
玉米油60毫升
低筋面粉75克
可可粉适量
细砂糖70克
蛋黄80克
蛋白160克
淡奶油160克
糖粉16克

装饰

黄油50克
可可粉10克
树莓适量
草莓适量
榛子适量

制作步骤

制作蛋糕体

1 牛奶和玉米油混合，用手动搅拌器拌至油水混合，充分乳化。

2 筛入低筋面粉、可可粉。

3 加入蛋黄，搅拌至没有颗粒，面糊光滑细腻，若有颗粒，可以过滤一下。

4 蛋白高速打发至出鱼眼泡，加入1/3细砂糖，打到蛋白细腻，分2次将剩余砂糖加入，降低搅拌器速度，低速将蛋白打到九分发。

5 舀1/3打发的蛋白到面糊中，搅拌均匀。

6 把面糊全部倒回剩余蛋白中，继续搅拌均匀，直到面糊光滑细腻。

7 倒入铺了油纸的烤盘中，刮平，放入预热160℃的烤箱中上层，烘烤20分钟（此步骤视自家烤箱温度而定），取出烤好的蛋糕。

☆烘烤时注意观察蛋糕表面的状态，以免蛋糕表面裂开。

卷蛋糕卷

8 玻璃碗中放入淡奶油，加入糖粉，打至九分发。

9 把放凉的蛋糕切去四周的边沿。

10 在蛋糕表面涂上打发好的淡奶油，加入水果，卷好，放入冰箱冷藏30分钟以上定型。

11 将卷好的蛋糕卷取出切成三段，其中一段装入小盘中。

装饰

12 准备黄油，筛入可可粉，用电动搅拌器打至呈羽毛状。

☆如果是刚从冰箱取出的黄油，会比较硬，可用刀切碎后再继续下一步操作。

13 将打好的黄油装入裱花袋，竖直涂抹在蛋糕体表面。

14 用小叉子整出树皮的样子，在表面抹一层剩余的淡奶油，画出树桩年轮的样子。

15 将草莓对半切开，中间挤上一小坨奶油，做成小人的形状，放在蛋糕树桩上。

16 装饰树莓、榛子等小饰品，并用巧克力黄油为小人点上眼睛即可。

浓郁的节日气氛

圣诞节来临之际，以爱之名做这款蛋糕，让这个节日充满美食的诱惑。

红丝绒水果蛋糕

烘烤时间：18 分钟　烤箱温度：上、下火 180℃

难易度 ★★★

材料（分量：1个）

蛋糕体

低筋面粉74克
蛋黄（3个）52克
蛋白（3个）114克
细砂糖50克
橄榄油35毫升
牛奶25毫升
淡奶油18克
红丝绒粉6克

装饰

淡奶油200克
糖粉15克
草莓粉5克
哈密瓜（切丁）100克
蓝莓20克
草莓（切爱心状）35克
猕猴桃（切块）15克
糖粉少许

制作步骤

制作蛋糕体

1 将牛奶、淡奶油、橄榄油倒入大玻璃碗中，用手动搅拌器搅拌均匀。

2 将低筋面粉、红丝绒粉过筛至碗里，快速搅拌至无干粉状态，倒入蛋黄，继续搅拌，制成蛋黄糊。

3 将蛋白、一半的细砂糖倒入另一个大玻璃碗中，用电动搅拌器搅打均匀，再倒入剩余细砂糖，搅打均匀，制成蛋白糊。

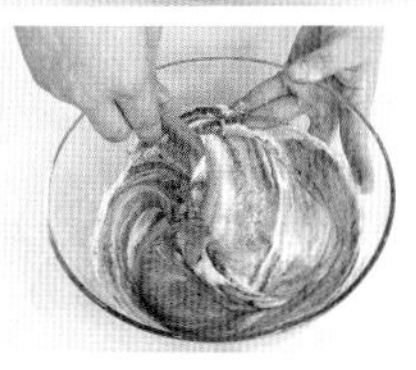

4 将一半的蛋白糊盛入蛋黄糊中，翻拌均匀，再倒回至装有剩余蛋白糊的大玻璃碗中，翻拌均匀，制成蛋糕糊。

5 取蛋糕模具，倒入蛋糕糊，放入已预热至180℃的烤箱中层，烤约18分钟，取出，放凉至室温。

6 将蛋糕脱模后放在转盘上，用切刀横着将蛋糕切成三片。

打发淡奶油

7 将淡奶油装入大玻璃碗中，用电动搅拌器搅打至有纹路出现，将一半装入裱花袋，待用。

8 往剩余的打发淡奶油中倒入草莓粉，搅打均匀，再倒入15克糖粉，搅拌均匀，制成草莓奶油糊。

组合及装饰

9 用抹刀将草莓奶油糊均匀涂抹在第一片蛋糕上，放上哈密瓜丁，再抹上一层草莓奶油糊。

10 盖上第二片蛋糕，同样涂抹上一层草莓奶油糊，再放上哈密瓜丁，接着抹上适量草莓奶油糊。

11 放上最后一片蛋糕，抹上草莓奶油糊，装饰上蓝莓、草莓、猕猴桃，筛上一层糖粉。

12 最后在蛋糕底部用裱花袋挤上一圈珍珠状的淡奶油即可。

☆最后挤奶油时要控制好力度，以免珍珠大小不一。

巧克力双重奏蛋糕

冷冻时间：1 小时　冷冻温度：-18℃

材料（分量：1个）

直径为15厘米、
厚度为2厘米的海绵蛋糕片

慕斯液

淡奶油60克
黑巧克力90克
植物奶油200克
咖啡酒15毫升
吉利丁片5克
水30毫升

镜面巧克力液

淡奶油80克
水130毫升
细砂糖100克
水麦芽15克
可可粉40克
吉利丁片5克

装饰

开心果碎少许
防潮糖粉少许

制作步骤

预先准备

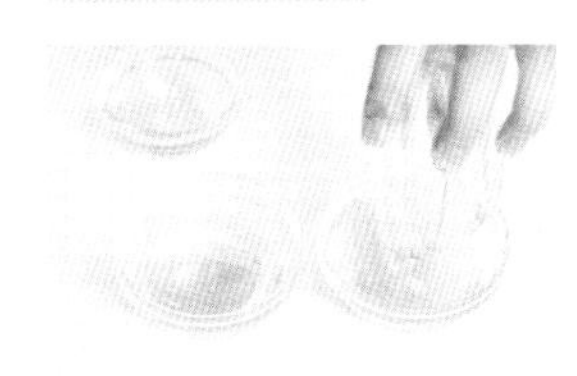

1 两份吉利丁片分别倒30毫升水泡软，沥干水，放入微波炉加热成吉利丁液。

制作慕斯液

2 取一口锅，倒入淡奶油，加热至边缘冒小泡，关火。

3 将淡奶油倒入黑巧克力中，静置60秒，搅拌均匀，待温度降至常温。

4 巧克力液倒入植物奶油中，再加入咖啡酒。

5 用电动搅拌器打发，倒入吉利丁液，搅打均匀。

制作镜面巧克力液

6 取另一口锅，加入淡奶油、100毫升水、细砂糖、水麦芽，边加热边搅拌。

7 淡奶油沸腾后关火，筛入可可粉，搅拌至完全融合后继续加热。

8 沸腾后关火，加入泡软的吉利丁，搅拌均匀，即成镜面巧克力液。

组合

9 在慕斯圈底部包保鲜膜，放上一片海绵蛋糕，倒入慕斯液，放入冰箱冷冻1小时。

10 将烤网架放在烤盘上，放上凝固的慕斯蛋糕，脱模。

11 在慕斯蛋糕表面淋上镜面巧克力液。

12 表面装饰些许开心果碎、剩余的镜面巧克力液和防潮糖粉即可。

玫瑰蛋糕

烘烤时间：35 分钟　烤箱温度：上、下火 170℃

难易度 ★★★

材料（分量：1个）

蛋糕体

低筋面粉100克
玉米淀粉30克
蛋黄（5个）86克
蛋白（5个）185克
牛奶80毫升
细砂糖50克
橄榄油60毫升
柠檬30克

装饰

淡奶油400克
火龙果（切丁）80克
玫瑰花适量
果膏适量

制作步骤

制作蛋黄糊

1 将橄榄油、牛奶倒入大玻璃碗中，用手动搅拌器搅拌均匀，倒入玉米淀粉，快速搅拌至无干粉状态。

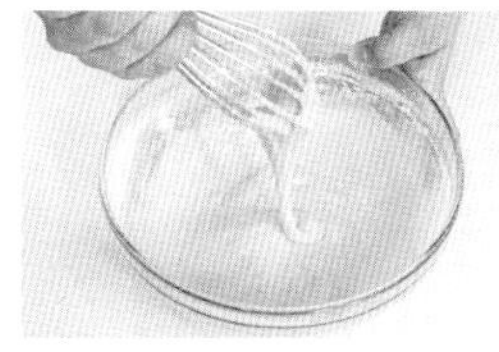

2 将低筋面粉过筛至碗里，搅拌均匀，倒入蛋黄，快速搅拌成无干粉的面糊，制成蛋黄糊。

制作蛋白糊

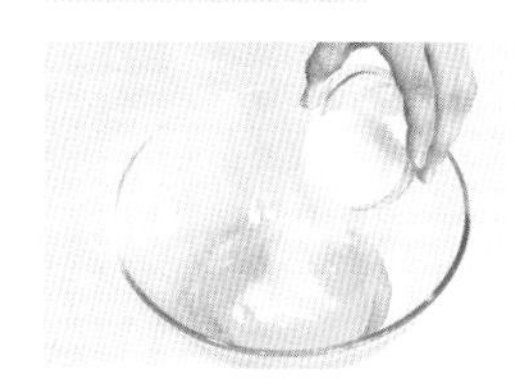

3 另取一个玻璃碗，倒入蛋白、1/3的细砂糖，用电动搅拌器搅打均匀。

4 分2次倒入剩下的细砂糖，均用电动搅拌器搅打均匀，继续搅打至九分发，制成蛋白糊。

制作蛋糕糊

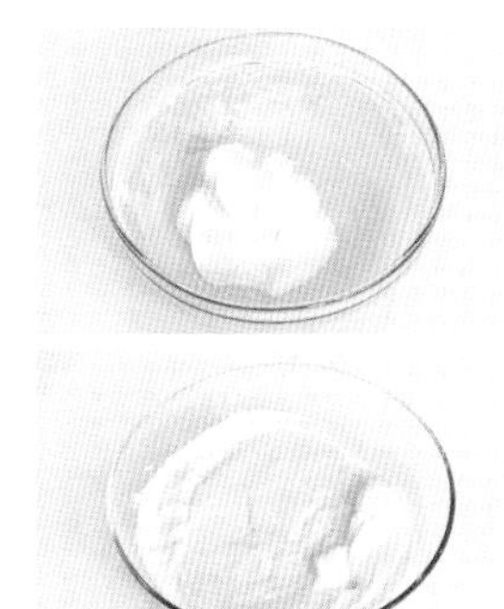

5 用橡皮刮刀将一半的蛋白糊盛入蛋黄糊中，拌匀，将其倒回至装有剩余蛋白糊的大玻璃碗中。

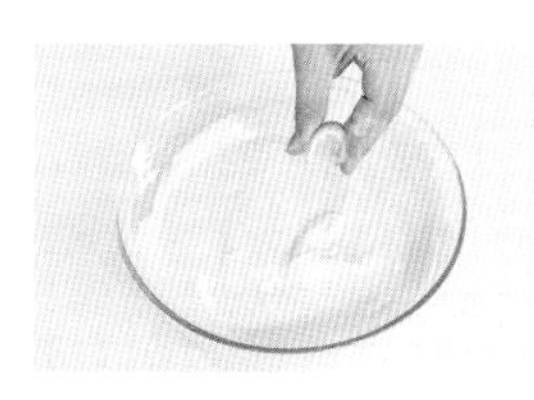

6 翻拌均匀，挤入少许柠檬汁，翻拌均匀，制成蛋糕糊。

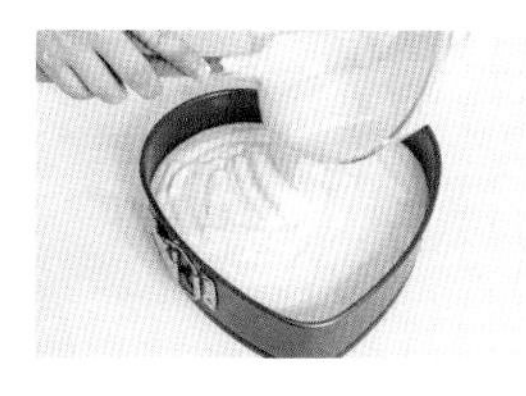

7 取蛋糕模具，倒入蛋糕糊，轻振几下，放入已预热至170℃的烤箱中层，烤约35分钟。

☆面糊倒入模具中振动几下，可以排出多余气泡，防止蛋糕生成过多大孔洞。

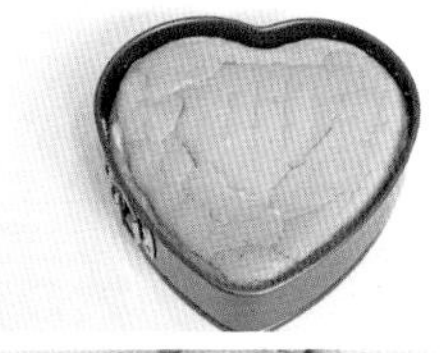

8 取出烤好的蛋糕，倒扣在烤网上，放凉至室温后脱模，放在转盘上，横切成两片。

> ☆切蛋糕最好用蛋糕齿刀。

组合装饰

9 将淡奶油倒入大玻璃碗中，用电动搅拌器搅打至干性发泡。

> ☆干性发泡是指将淡奶油搅打至提起不易滴落的状态。

10 将淡奶油均匀地涂抹在一片蛋糕上，放上火龙果丁，再盖上另一片蛋糕，用淡奶油均匀地涂满整个蛋糕。

> ☆抹淡奶油时，刀与蛋糕表面的角度应该为45°。

11 将剩余淡奶油装入套有圆齿裱花嘴的裱花袋里，在蛋糕表面挤出花边。将玫瑰花粘在蛋糕的侧面。

12 用玫瑰花和果膏在蛋糕表面做出“穿着玫瑰裙子的女孩”的造型，再写上“Dream”，点缀上爱心即可。

浪漫之爱

在爱做梦的年纪，总是少不了爱的奉献，也不应少了浪漫的陪伴。

哆啦 A 梦蛋糕

烘烤时间：20 分钟　烤箱温度：上、下火 180℃

难易度 ★★★

材料（分量：1个）

蛋糕体

低筋面粉50克
全蛋165克
细砂糖40克
橄榄油25毫升
牛奶25毫升

装饰

淡奶油300克
火龙果（切丁）80克
可食用蓝色色素适量
可食用黄色色素适量
巧克力果膏适量
红色果膏适量

制作步骤

制作蛋糕体

1 将全蛋、一半的细砂糖倒入大玻璃碗中，用电动搅拌器搅打均匀。

2 倒入剩余的细砂糖，快速搅打至不易滴落的状态。

3 将橄榄油倒入装有牛奶的碗中，放入微波炉加热20秒，取出待用。

4 将低筋面粉过筛至鸡蛋碗里，用橡皮刮刀翻拌均匀至无干粉状态。

5 倒入加热好的橄榄油和牛奶，继续翻拌均匀，制成蛋糕糊。

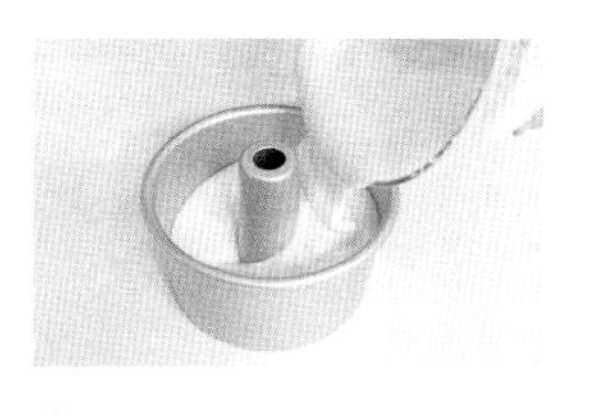

6 取蛋糕模具，倒入蛋糕糊，轻振几下。

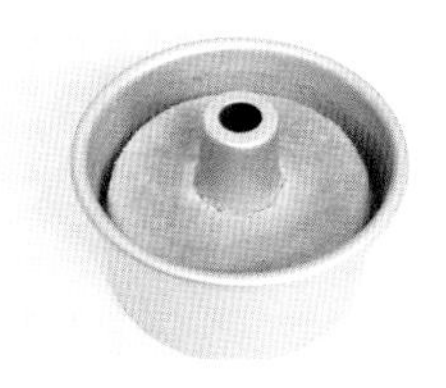

7 放入已预热至180℃的烤箱中层，烤约20分钟，取出烤好的蛋糕，放凉至室温，脱模。

8 将蛋糕放在转盘上，用抹刀横着将蛋糕切成两片。

打发淡奶油

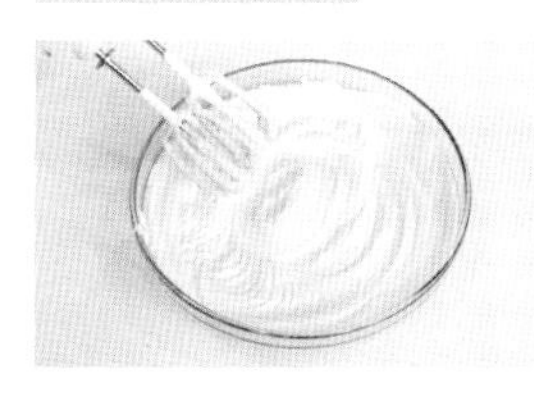

9 将淡奶油倒入大玻璃碗中，用电动搅拌器搅打至干性发泡。

10 将一半淡奶油分成三份，一份加入适量蓝色色素，拌匀成蓝色淡奶油；一份加入适量黄色色素，拌匀成黄色淡奶油。三份分别装入裱花袋里，用剪刀在裱花袋尖端处剪一个小口。

装饰组合

11 其中一片蛋糕片上均匀涂抹上一层打发好的淡奶油，放上火龙果丁，再抹匀。

12 盖上另一片蛋糕，将打发好的淡奶油均匀涂抹在蛋糕上。

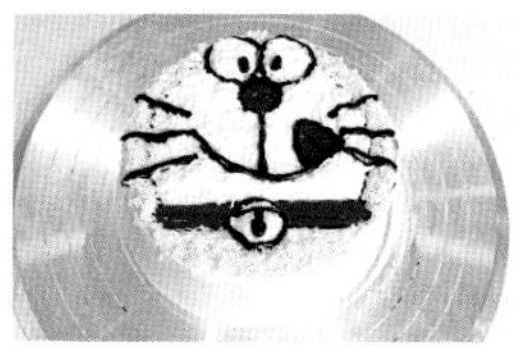

13 用原味淡奶油、蓝色淡奶油、黄色淡奶油、红色果膏、巧克力果膏在蛋糕表面画出哆啦a梦图案即可。

海洋慕斯

冷藏时间：4 小时　冷藏温度：0 ~ 5℃

难易度 ★★★

材料（分量：1个）

蛋糕底

蛋糕坯2片
手指饼干200克

慕斯液

老酸奶400克
淡奶油250克
细砂糖80克
吉利丁片10克
柠檬汁2毫升

果冻

吉利丁片8克
蓝色预调鸡尾酒150毫升
雪碧50毫升

装饰

贝壳巧克力适量
装饰糖果适量

制作步骤

预先准备

1 将10克吉利丁片放入水中泡软，使用前沥干水分。

☆吉利丁片须用冷水浸泡。

制作酸奶糊

2 将360克老酸奶倒入大玻璃碗中，再隔热水搅拌均匀，放入10克泡软的吉利丁片，拌至其完全溶化。

3 再倒入剩余40克老酸奶、柠檬汁，搅拌均匀，制成酸奶糊。

☆可根据需求，选择喜爱的酸奶口味。

制作慕斯液

4 将淡奶油、细砂糖倒入另一个大玻璃碗中，用电动搅拌器搅打至七分发。

5 将一半的酸奶糊倒入打发的淡奶油中，用橡皮刮刀翻拌均匀，再将剩余的酸奶糊倒入碗中，继续翻拌均匀，制成慕斯液。

冷藏定型

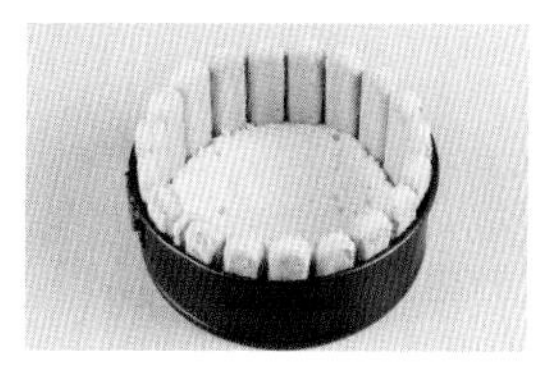

6 提前将150克手指饼干切掉1/4，再将蛋糕坯修剪成一定大小、厚度的片。将切好的手指饼干围着蛋糕模具贴在内部，放上一片蛋糕。

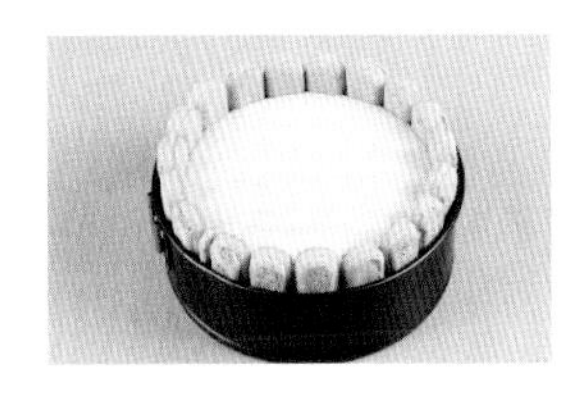

7 倒入一半的慕斯液，再放上一片蛋糕，倒入剩余的慕斯液，放入冰箱冷藏4小时，取出，脱模。

制作果冻

8 将8克吉利丁片放入装有温水的小玻璃碗中泡软，沥干水分后隔热水搅拌至熔化，倒入雪碧，搅拌均匀。

9 将蓝色预调鸡尾酒倒入大玻璃碗中，再倒入拌匀的雪碧，搅拌均匀，制成“海洋”液。

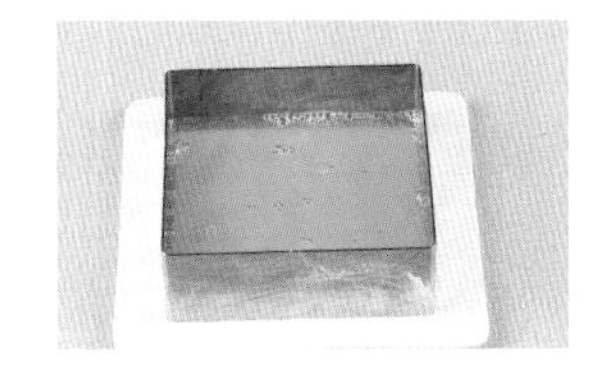

10 取慕斯圈，用保鲜膜包住一边做底，再放在平底盘上，倒入拌匀的“海洋”液，放入冰箱冷藏4小时，制成“海洋”果冻，取出，脱模。

☆此步骤和蛋糕体冷藏同时进行。

组合

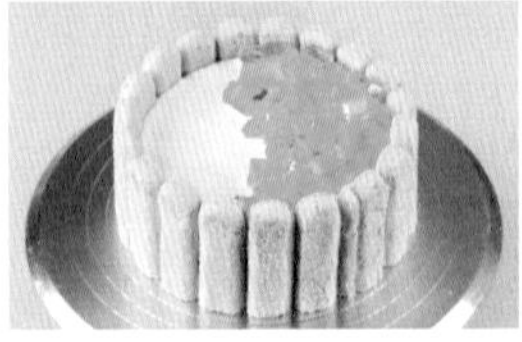

11 用刀将“海洋”果冻切成丁，放在慕斯表面一半的区域，作为“海洋”。

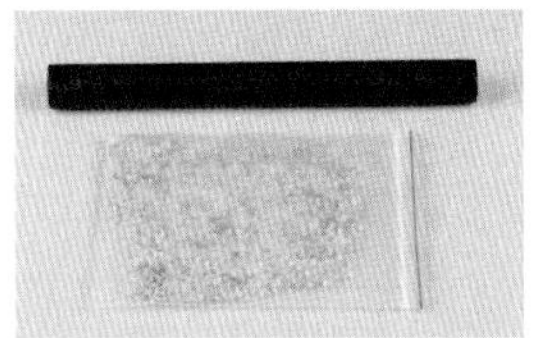

12 将剩余的50克手指饼干装入保鲜袋，用擀面杖擀碎，撒在慕斯表面剩余区域，作为“沙滩”。

13 放上贝壳巧克力，撒上装饰糖果即可。

真假海洋

海上月是天上月，眼前的“海洋”是心中的海洋。

芒果冻芝士蛋糕

冷藏时间：3 小时　冷藏温度：0 ~ 5℃

难易度 ★★★

材料（分量：1个）

奶油奶酪120克
消化饼干70克
芒果汁150毫升
无盐黄油25克
吉利丁片15克
细砂糖55克
淡奶油100克
巧克力酱适量
芒果丁适量
薄荷叶少许

制作步骤

制作饼干底

1 将饼干装入密封袋中，用擀面杖将其捣碎。

2 将捣碎的饼干、无盐黄油倒入大玻璃碗中，用橡皮刮刀将碗中的材料翻拌均匀。

3 取慕斯圈，用锡箔纸包住一面做底后放在平底盘上。

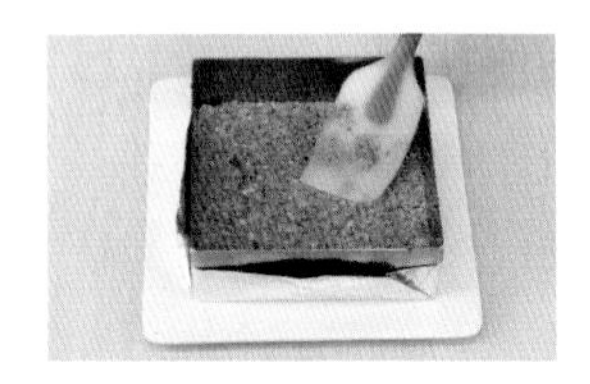

4 往慕斯圈内倒入拌匀的饼干碎，用橡皮刮刀轻轻压平，即成饼干底，放入冰箱冷藏，待用。

制作芒果糊

5 将室温下软化的奶油奶酪、细砂糖倒入另一个大玻璃碗中，用电动搅拌器搅打均匀。

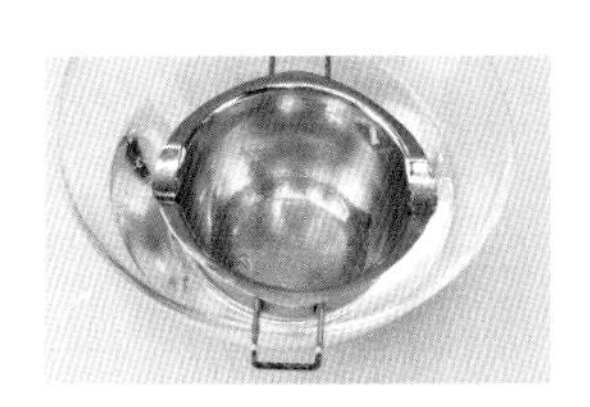

6 将吉利丁片放入温水中泡至发软，再装入小钢锅中，隔热水搅拌至完全熔化。

7 将熔化的吉利丁片倒入芒果汁中，搅拌均匀。

8 将芒果汁分2次倒入装有奶油奶酪的大玻璃碗中，搅拌均匀，即成芒果糊。

制作芒果芝士糊

9 将淡奶油倒入另一干净的大玻璃碗中，用电动搅拌器搅打至九分发。

10 将一半的打发淡奶油倒入芒果糊中，搅拌均匀，再倒入装有剩余打发淡奶油的大玻璃碗中，继续搅拌均匀，即成芒果芝士糊。

冷藏定型

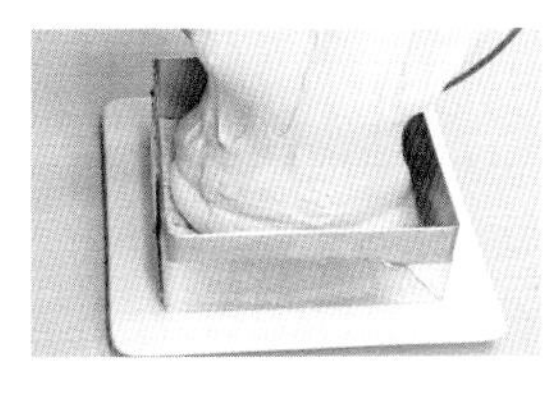

11 取出冷藏了一段时间的饼干底，倒入芒果芝士糊，再放入冰箱冷藏3小时以上。

12 取出冷藏好的芒果冻芝士蛋糕，撕掉锡箔纸后放在转盘上，用喷枪烤一下慕斯圈，再取走慕斯圈。

装饰

13 取一条长度和慕斯圈周长一样的透明宽胶布，在不粘的一面挤上网格状的巧克力酱，再轻轻贴合在蛋糕四周，待其冷冻成型后轻轻撕掉胶布，在蛋糕表面堆上芒果丁，最后放上一片薄荷叶做装饰即可。

Chapter 5

不用烤箱速成蛋糕

在蛋糕界，少了烤箱就办不成事儿吗？未必如此。只有想不到，没有做不到。下面就介绍一些让您意想不到的蛋糕，或蒸、或煎、或冻，而且还简单易学，出乎您的意料。

蜂蜜蛋糕

◷ 蒸制时间：20 分钟　🍲 蒸制温度：100℃

材料（分量：6个）

全蛋100克
细砂糖45克
盐1克
蜂蜜10克
牛奶20毫升
低筋面粉65克
草莓果酱适量

制作步骤

制作蛋糕糊

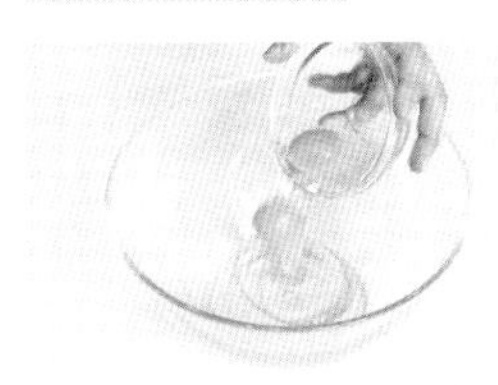

1 将全蛋、细砂糖、盐放入玻璃碗中，用电动搅拌器搅打一会儿。

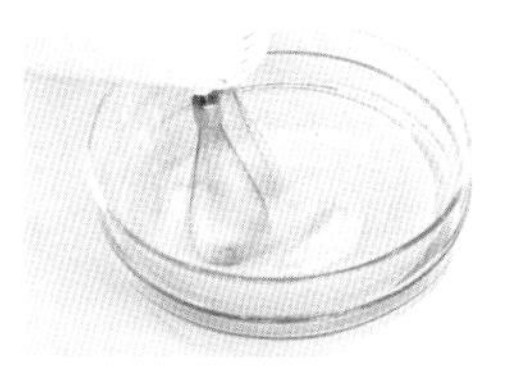

2 将玻璃碗置于另一个装入了适量热水的大玻璃碗上。

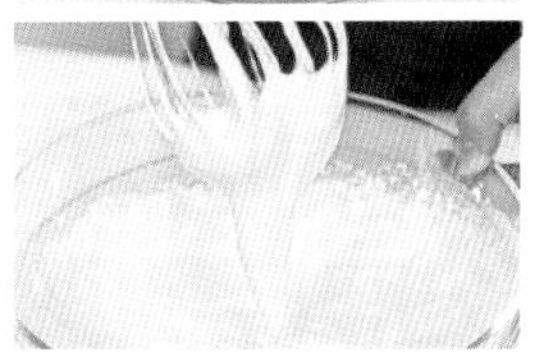

3 边隔水加热边将碗中食材搅打至发泡、有纹路，撤走装有热水的大玻璃碗。

4 将牛奶倒入蜂蜜中，搅拌均匀，再倒入装有打发材料的大玻璃碗中，搅打均匀。

5 将低筋面粉过筛至大玻璃碗中，用软刮刀翻拌成无干粉的蛋糕糊。

入模蒸制

6 模具中放入蛋糕纸杯，依次倒入蛋糕糊，至九分满。

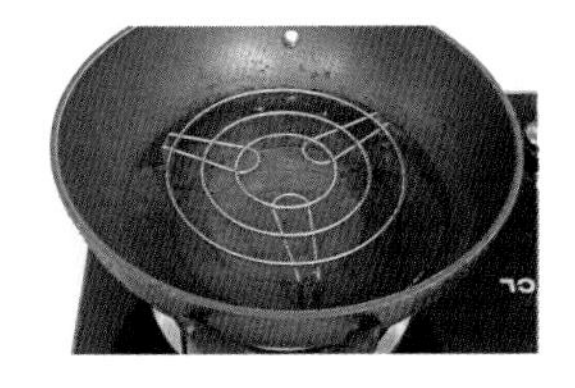

7 平底锅中放上不锈钢架，倒入适量清水。

8 将装有蛋糕糊的模具放在钢架上。

9 盖上锅盖，用中小火蒸约20分钟。

装饰

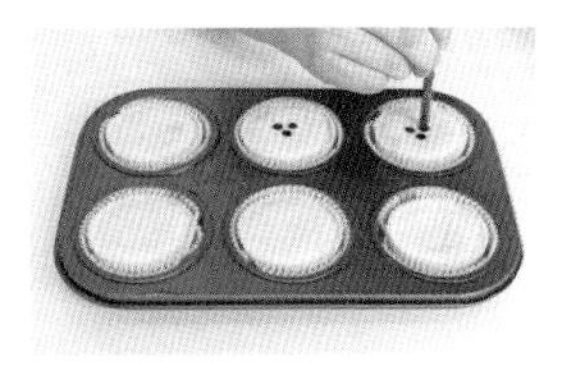

10 取出蒸好的蛋糕，用草莓果酱点缀上图案即可。

水蒸豹纹蛋糕

蒸制时间：20 分钟　蒸制温度：100℃

难易度
★☆☆

材料（分量：6个）

蛋黄糊

细砂糖25克
水80毫升
植物油60毫升
低筋面粉115克
泡打粉2克
蛋黄115克

蛋白霜

蛋白210克
塔塔粉2克
细砂糖90克

豹纹糊

可可粉4克

制作步骤

制作蛋黄糊

1 将细砂糖和水倒入锅中，煮至细砂糖溶化，再加入植物油，搅拌均匀，制成糖浆。

2 将糖浆倒入搅拌盆中，筛入低筋面粉、泡打粉，用橡皮刮刀搅拌均匀。

3 倒入蛋黄，搅拌均匀，制成蛋黄糊。

☆可使用蛋黄分离器，能快速地分离出完整的蛋黄。

制作蛋糕糊

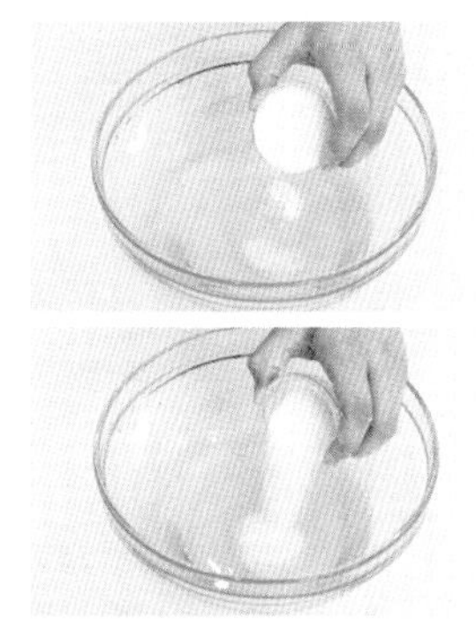

4 取另一个搅拌盆，倒入蛋白、塔塔粉及细砂糖。

☆最好是分几次倒入细砂糖，可搅拌得更彻底。

5 用电动搅拌器打发至可提起鹰嘴钩，即成蛋白霜。

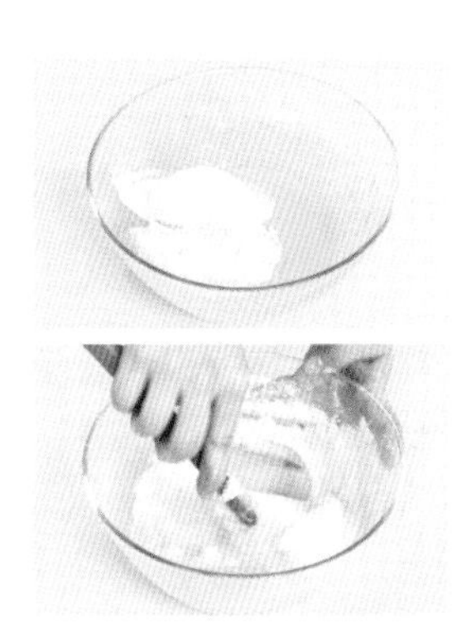

6 取2/3的蛋白霜分次加入到蛋黄糊中，用橡皮刮刀搅拌均匀。

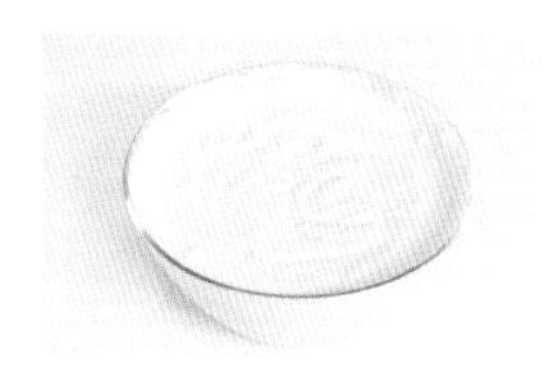

7 将其倒回至剩余的蛋白霜中，搅拌均匀，制成蛋糕糊。

8 取一小部分蛋糕糊，装入两个小碗中，分别筛入1克可可粉和3克可可粉，分别搅拌均匀，制成浅色可可蛋糕糊和深色可可蛋糕糊。

入模蒸制

9 将蛋糕糊倒入铺好纸杯的6个蛋糕杯模具中，大约八分满。

10 将浅色可可蛋糕糊和深色可可蛋糕糊分别装入裱花袋中，用浅色可可蛋糕糊先在蛋糕表面画上几个圆点。

11 再用深色可可蛋糕糊在圆点周围画上围边，呈现豹纹状。

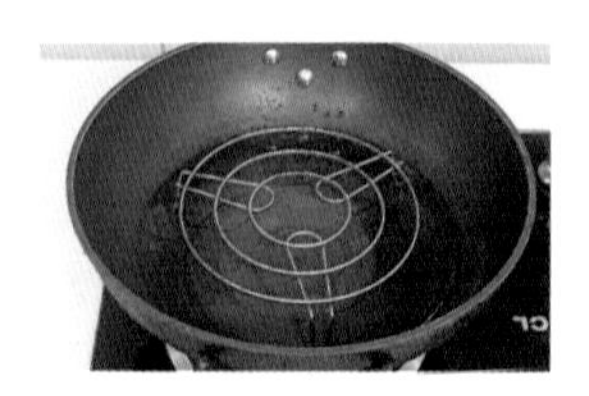

12 平底锅中放上不锈钢架，倒入适量清水。

13 将装有蛋糕糊的模具放在钢架上，盖上锅盖，用中小火蒸约20分钟，取出即可。

蒸功夫，好蛋糕

蒸出来的蛋糕口感绵软，营养十足。

奶油胚玛芬

煎制时间：20 分钟　煎制温度：100℃

难易度 ★★☆

材料（分量：1个）

玛芬

低筋面粉100克
牛奶20毫升
细砂糖35克
全蛋34克
盐1克
无盐黄油35克

夹馅

无盐黄油80克
糖粉50克

装饰

薄荷叶少许
防潮糖粉少许

制作步骤

制作蛋糕糊

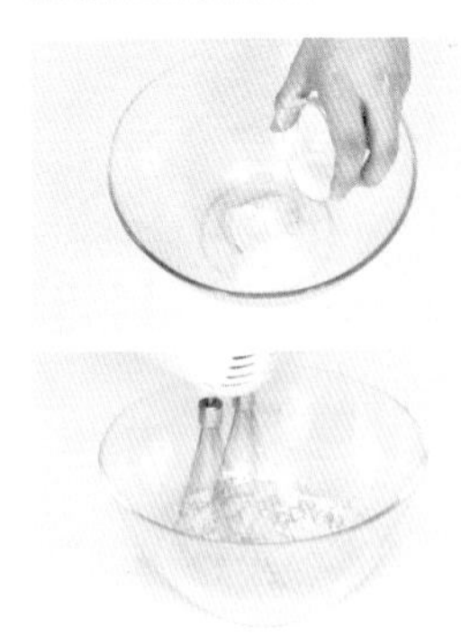

1 将无盐黄油35克、细砂糖倒入大玻璃碗中，用电动搅拌器搅拌均匀。

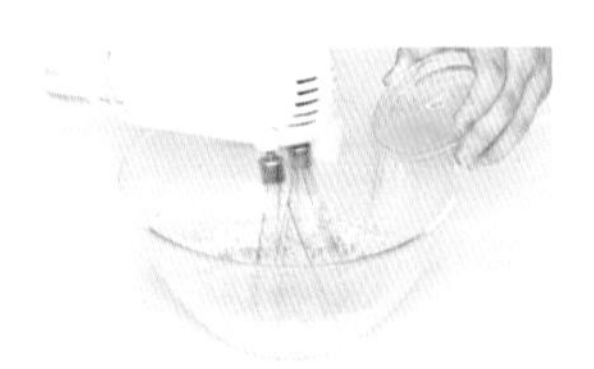

2 倒入全蛋，继续搅拌均匀。

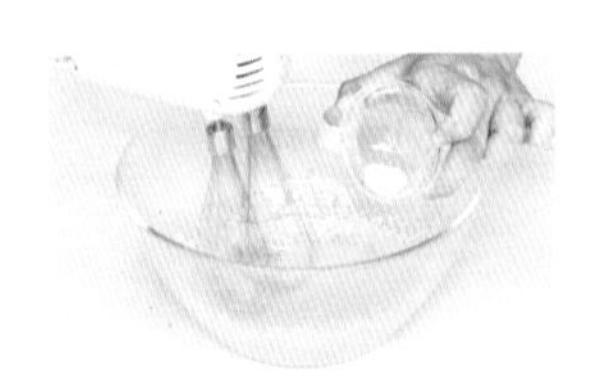

3 倒入盐，搅拌均匀。

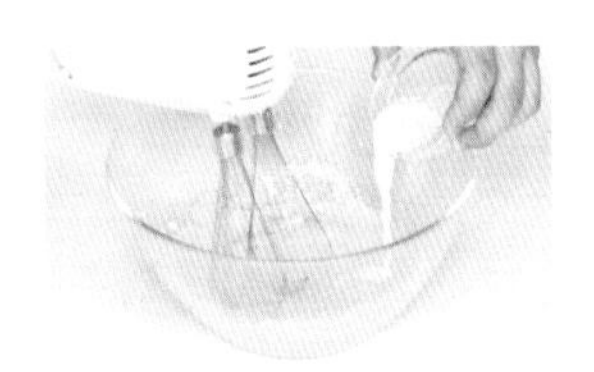

4 倒入牛奶，搅拌均匀。

5 将低筋面粉过筛至碗中，以软刮刀翻拌成无干粉的蛋糕糊。

入模煎制

6 将蛋糕糊装入裱花袋中，用剪刀在尖端处剪一个小口。

7 平底锅铺上高温布，放上圆形模具，往模具内挤入适量蛋糕糊。

8 盖上锅盖，用小火煎约20分钟至熟，取出，放凉后脱模，即成玛芬。

9 取出煎好的玛芬，放在转盘上，用抹刀切成厚薄一致的三片。

制作夹馅

10 将无盐黄油80克、糖粉倒入另一个干净的大玻璃碗中。

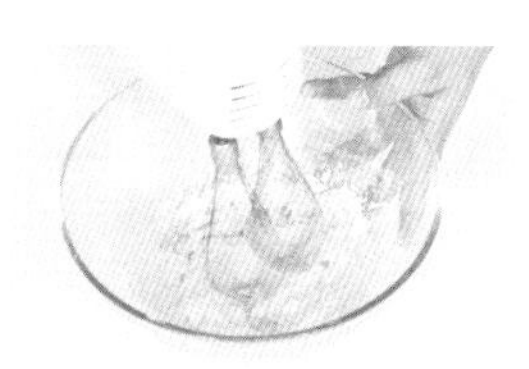

11 用电动搅拌器搅打均匀，即成夹馅。

12 将夹馅装入裱花袋，用剪刀在尖端处剪一个小口。

组合装饰

13 取一片玛芬放在转盘上，以画圈的方式由内向外挤上一层夹馅。

14 盖上第二片玛芬，同样挤上夹馅。

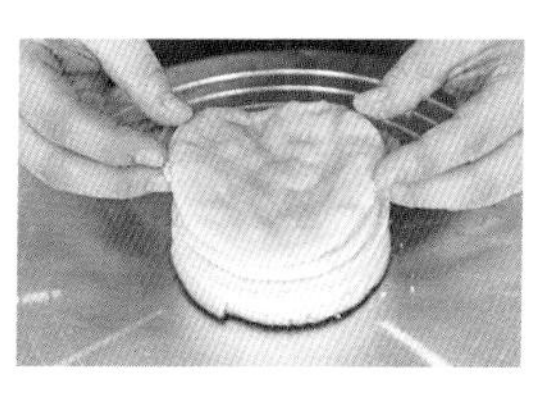

15 盖上最后一片玛芬，再挤上一层夹馅，用抹刀尖端轻触夹馅并提起。

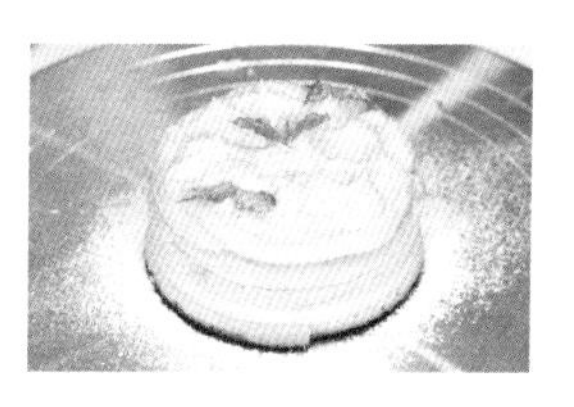

16 放上薄荷叶，再筛上防潮糖粉即可。

☆还可以用水果装饰，美观又好吃。

奥利奥玛芬

煎制时间：20 分钟　煎制温度：100℃

难易度 ★☆☆

材料（分量：1个）

低筋面粉100克　酸奶30克

无盐黄油35克　泡打粉1克

细砂糖35克　奥利奥饼干碎20克

全蛋55克　防潮糖粉少许

牛奶8毫升

制作步骤

制作蛋糕糊

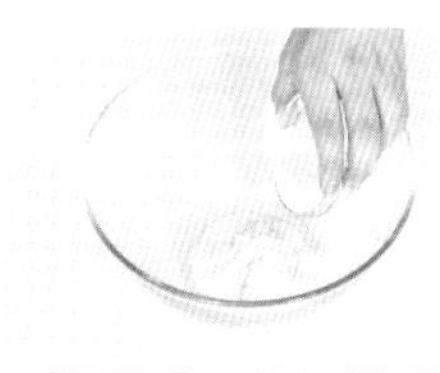

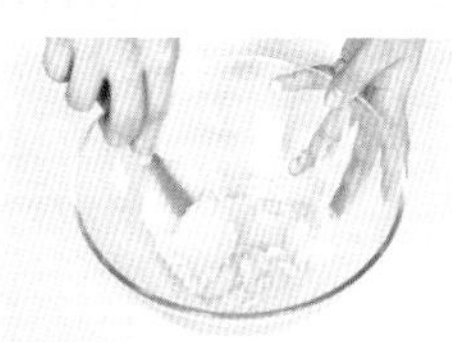

1 将无盐黄油、细砂糖倒入大玻璃碗中，以软刮刀拌匀。

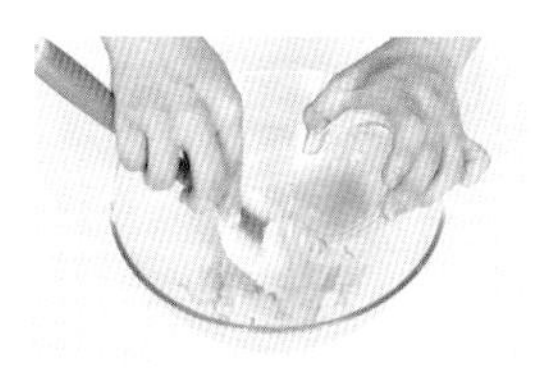

2 分次加入全蛋，边倒边搅拌。

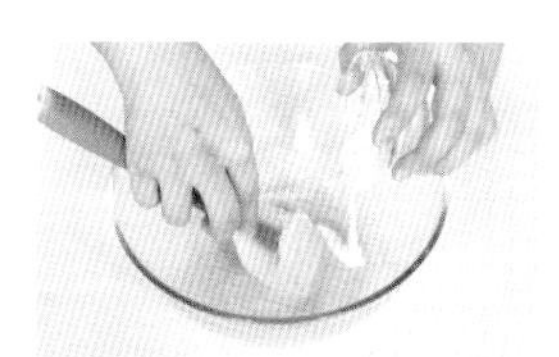

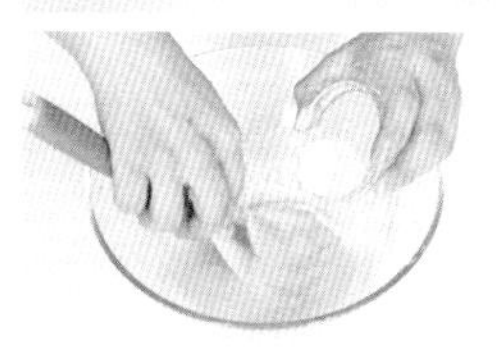

3 倒入酸奶，拌匀，再倒入牛奶，拌匀。

4 将低筋面粉、泡打粉过筛至碗里，翻拌至无干粉。

☆若没有低筋面粉，可以用高筋面粉和淀粉以1：1的比例进行配制。

5 倒入奥利奥饼干碎，用橡皮刮刀翻拌均匀，即成蛋糕面糊。

入模煎制

6 将蛋糕面糊装入裱花袋中，用剪刀在尖端处剪一个小口。

7 平底锅铺上高温布，放上圆形模具，往模具内挤入适量蛋糕面糊。

8 盖上锅盖，用小火煎约20分钟至熟。

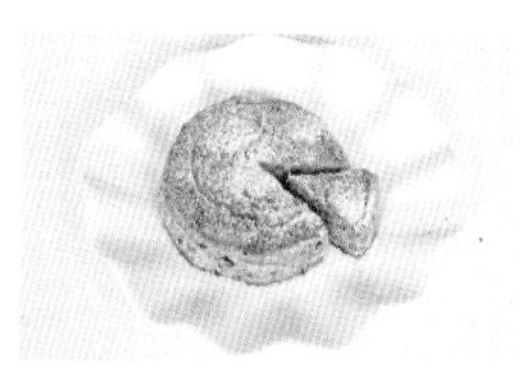

9 取出放凉后脱模，筛上一层防潮糖粉即可。

☆煎的时候一定要用最小火，以免蛋糕里面没熟，底部却焦了。

可可千层蛋糕
煎制时间：3分钟
煎制温度：100℃
难易度

材料（分量：1个）

低筋面粉200克
全蛋100克
牛奶150毫升
细砂糖35克
可可粉4克
无盐黄油25克
泡打粉2克
防潮糖粉少许
草莓（切块）少许
食用油少许

制作步骤

制作面糊

1 依次将全蛋、细砂糖倒入大玻璃碗中，搅散，再倒入牛奶，继续搅拌均匀。

2 先后将低筋面粉、泡打粉过筛至大玻璃碗中，搅拌至无干粉状态。

3 倒入隔水熔化的无盐黄油，继续搅拌均匀。

4 可可粉加适量温水，搅拌均匀，加入大玻璃碗中，快速搅拌均匀，即成面糊。

煎成薄饼

5 平底锅擦上少许食用油后加热，倒入适量面糊，晃动几下使之平整。

6 煎至两面呈金黄色，即成薄饼，盛出。

7 锅中继续倒入面糊煎好，放上盛出的薄饼，继续煎一小会儿，盛出。

8 依此法再煎出两张薄饼，贴在一起，即成千层蛋糕。

分切装饰

9 将千层蛋糕对半切后叠在一起，再分切成四等份，装入盘中。

10 将防潮糖粉过筛至千层蛋糕表面，放上草莓做装饰即可。

芒果千层蛋糕

煎制时间：3 分钟　煎制温度：100℃

材料（分量：1个）

面糊

低筋面粉100克
牛奶250毫升
全蛋2个
细砂糖30克
无盐黄油30克

奶油夹馅

淡奶油250克
芒果180克
吉利丁片8克

制作步骤

制作面糊

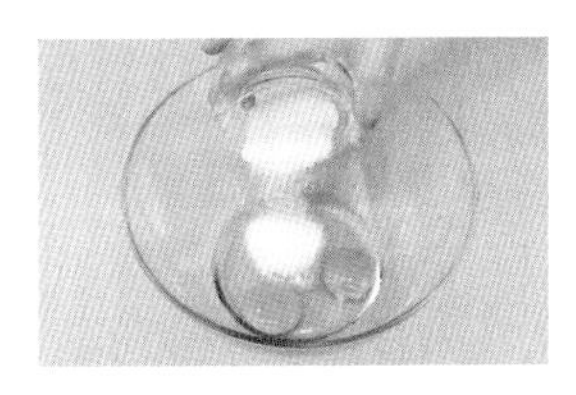

1 将全蛋、细砂糖倒入大玻璃碗中，用手动搅拌器搅拌至细砂糖完全溶化。

2 将低筋面粉过筛至碗里，搅拌至无干粉状态。

3 将隔热水熔化的无盐黄油倒入碗中，继续搅拌均匀，倒入牛奶，搅拌均匀，即成面糊，过筛至另一个大玻璃碗中。

☆面糊静置片刻，以消除泡沫。

煎成面皮

4 平底锅中倒入适量面糊，用中小火煎至定型，即成面皮，按照相同的方法，煎完剩余的面糊。

5 将煎好的面皮盛出用油纸盖住，放凉至室温。

制作奶油夹馅

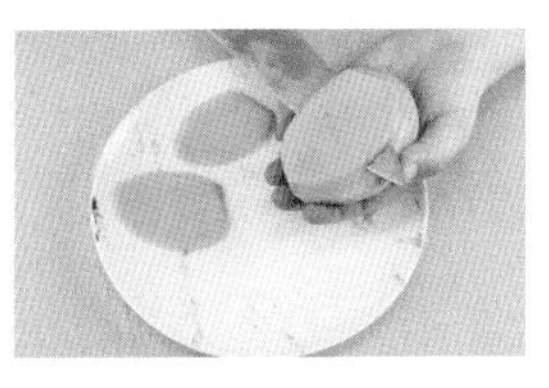

6 将芒果去皮后削成片，装盘待用。

7 将吉利丁片浸水泡软后沥干水分，再隔热水搅拌至熔化，倒入适量淡奶油，搅拌均匀。

8 将剩余的淡奶油倒入干净的大玻璃碗中，用电动搅拌器搅打至九分发。

9 将拌匀的吉利丁液倒入装有打发淡奶油的碗中，继续搅打一会儿。

组合

10 将一片面皮放在平底盘上，再将平底盘放在转盘上，将混合均匀的打发淡奶油抹在面皮上。

11 放上一层芒果片，抹上一层打发淡奶油，铺上一片面皮，按照此法完成制作，再冷藏30分钟即可。

咖啡水果蛋糕

煎制时间：20 分钟　　煎制温度：100℃

★★☆

材料（分量：1个）

低筋面粉100克
细砂糖45克
牛奶（温热）35毫升
全蛋25克
无盐黄油35克
咖啡粉3克
苏打粉2克
泡打粉1克
甜奶油150克
蓝莓、树莓、草莓、
薄荷叶各少许

制作步骤

制作蛋糕糊

1 将温牛奶倒入咖啡粉中，拌匀，制成咖啡牛奶液。

2 将无盐黄油、细砂糖倒入大玻璃碗中，以软刮刀翻拌均匀。

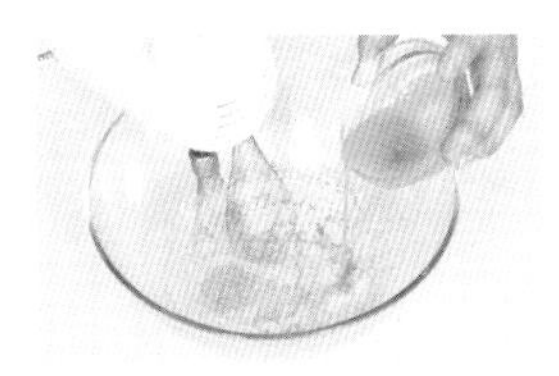

3 倒入全蛋，用电动搅拌器搅打均匀。

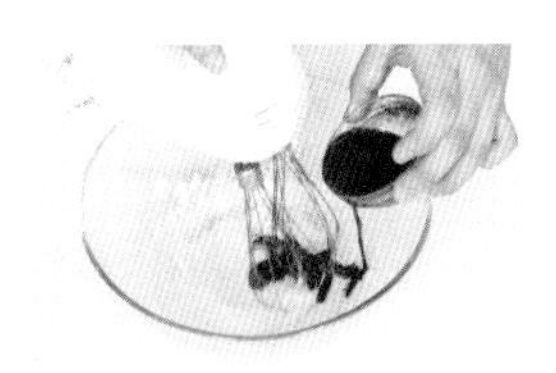

4 倒入咖啡牛奶液，继续搅打均匀。

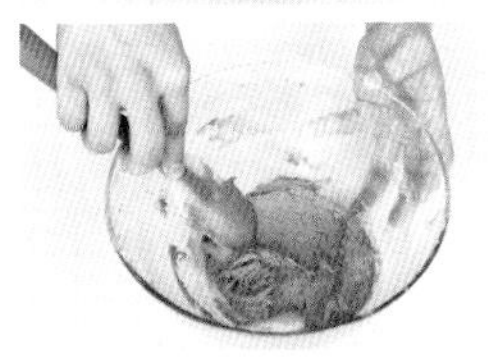

5 将低筋面粉、苏打粉、泡打粉过筛至碗中，以软刮刀翻拌成无干粉的蛋糕糊。

☆三种粉类可以事先多次过筛，成品的口感会更细腻。

入模煎制

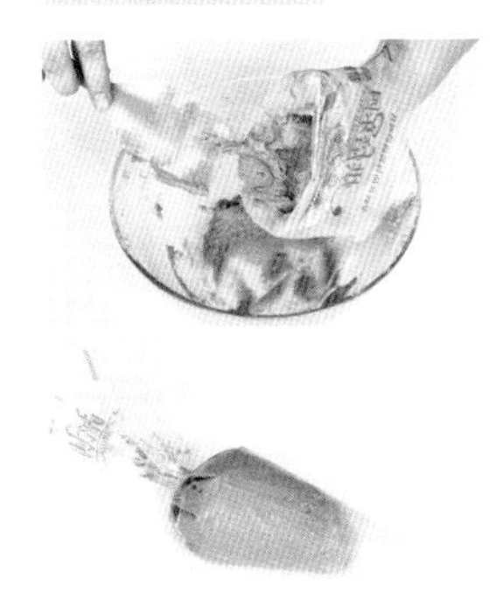

6 将蛋糕糊装入裱花袋中，用剪刀在尖端处剪一个小口。

7 平底锅铺上高温布，放上圆形模具，往模具内挤入适量蛋糕糊。

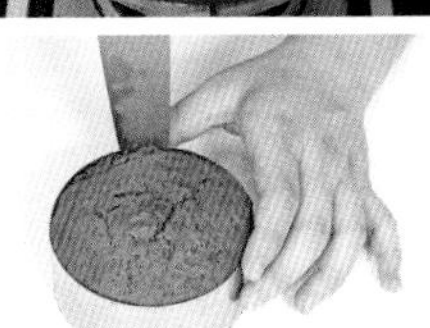

8 盖上锅盖，用小火煎约20分钟至熟，取出放凉后脱模，即成咖啡蛋糕。

打发甜奶油

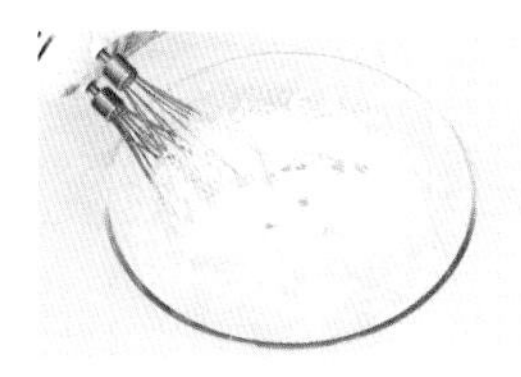

9 将甜奶油倒入另一个大玻璃碗中，用电动搅拌器搅打至干性发泡，再装入裱花袋中。

组合装饰

10 将咖啡蛋糕放在转盘上，用抹刀切成厚薄一致的三片蛋糕。

11 取一片咖啡蛋糕放在转盘上，以画圈的方式由内向外挤上一层打发甜奶油。

12 放上对半切的蓝莓，盖上第二片咖啡蛋糕，同样挤上打发甜奶油，再放上蓝莓。

☆盖上蛋糕片时，可轻轻按压一下，使之更平整。

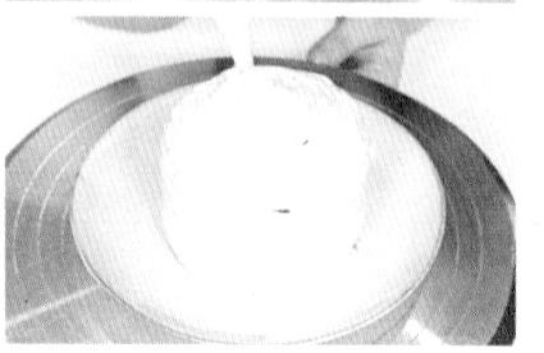

13 盖上最后一片咖啡蛋糕，边转动转盘，边在蛋糕表面涂满打发甜奶油。

14 放上蓝莓、树莓、对半切的草莓、薄荷叶做装饰即可。

☆还可以用喷枪快速烤一下表面，会有意想不到的味蕾刺激。

素雅芬芳的绽放

这款蛋糕整体上洁白素雅，但表面却有画龙点睛之笔，二者相得益彰。

卡蒙贝尔芝士蛋糕

冷藏时间：2 小时 45 分钟　冷藏温度：0 ~ 5℃

难易度 ★★☆

材料（分量：6个）

饼干底

巧克力饼干碎70克
无盐黄油30克

奶油酱

卡蒙贝尔奶酪160克
糖粉45克
淡奶油130克
浓缩柠檬汁10毫升
香草精2克
吉利丁片5克
冰水80毫升
朗姆酒5毫升

装饰

巧克力饼干碎30克

制作步骤

制作饼干底

1 无盐黄油加入巧克力饼干碎，搅拌均匀。

2 倒入硅胶模具中，压实，放入冰箱冷藏30分钟。

☆巧克力饼干可以装入保鲜袋，用擀面杖压碎，越碎越好。

制作奶酪酱

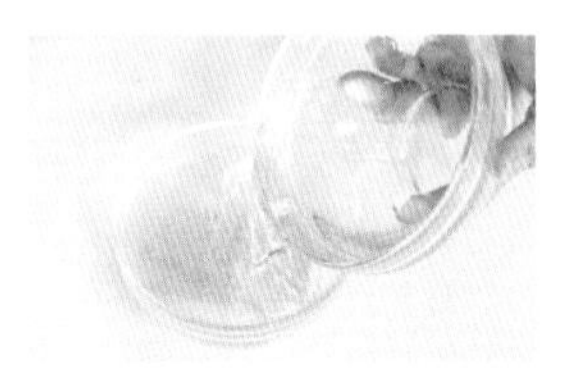

3 将吉利丁片装碗，用冰水泡软。

4 将微波加热至软化的卡蒙贝尔奶酪用电动搅拌器打至顺滑。

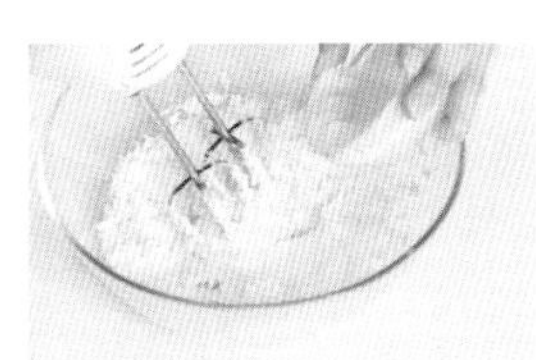

5 加入30克淡奶油、浓缩柠檬汁、25克糖粉及香草精，搅拌均匀。

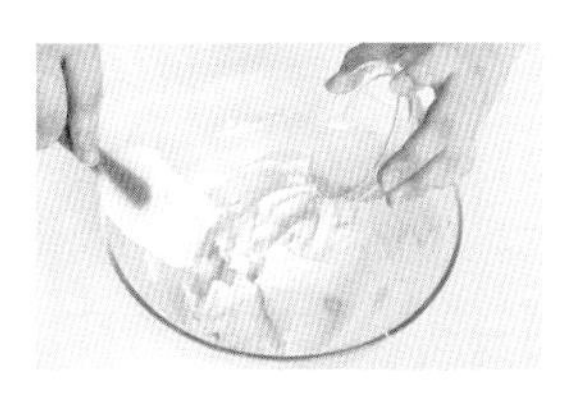

6 吉利丁片滤干多余水分，用微波炉加热30秒，制成吉利丁液，倒入奶油奶酪液中搅拌均匀，即成奶酪酱。

☆冷却的吉利丁会让酱汁凝固，需加热。

制作奶油酱

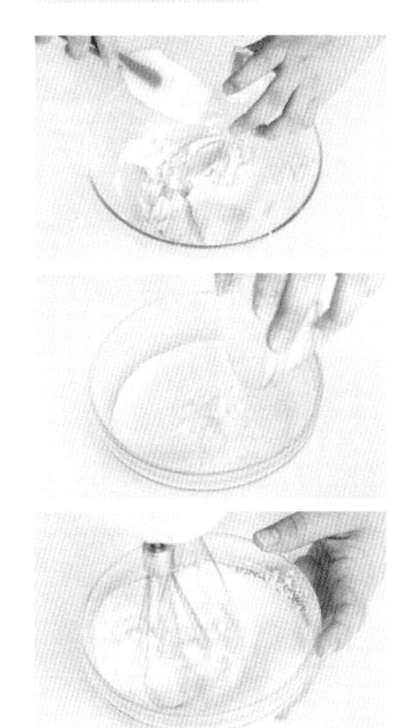

7 将100克淡奶油、20克糖粉及朗姆酒倒入新的搅拌盆中，用电动搅拌器搅拌均匀。

8 倒入奶酪酱中，搅拌至完全融合，制成奶油酱。

冷藏定型

9 将奶油酱装入裱花袋中，注入到硅胶模具中，至九分满，放入冰箱冷藏15分钟。

☆挤奶油酱时，最好要垂直向下，从模具底部中心开始。

10 取出硅胶模具，在表面撒上巧克力饼干碎，放入冰箱冷藏2小时，取出脱模即可。

草莓芝士蛋糕

冷藏时间：4 小时　冷藏温度：0 ~ 5℃

难易度 ★☆☆

材料（分量：1个）

饼干碎100克
牛奶35毫升
淡奶油80克
无盐黄油40克
草莓汁55毫升
细砂糖80克
朗姆酒10毫升
奶油奶酪200克
吉利丁片8克
草莓片适量

制作步骤

制作饼干底

1 将饼干碎和室温软化的无盐黄油倒入大玻璃碗中，用橡皮刮刀翻拌均匀，制成饼干底。

2 取慕斯圈，用锡箔纸包上一边做底，倒入饼干底，铺平、抹匀，放入冰箱冷藏，待用。

制作草莓糊

3 平底锅中倒入牛奶、淡奶油，用中火加热至沸腾。

4 倒入浸水泡软的吉利丁片，用手动搅拌器搅拌至其完全溶化。

5 倒入草莓汁，搅拌均匀。

6 倒入细砂糖、朗姆酒，搅拌至细砂糖完全溶化，制成草莓糊。

制作蛋糕糊

7 将奶油奶酪倒入另一个大玻璃碗中，用电动搅拌器搅打均匀。

8 缓慢倒入草莓糊中，边倒边用手动搅拌器搅拌均匀，制成蛋糕糊。

冷藏定型

9 取出饼干底，倒入蛋糕糊，轻振几下排出大气泡，再冷藏4小时。

10 取出，用喷枪烤一下慕斯圈，脱模，最后放上草莓片做装饰即可。

抹茶冻芝士蛋糕

冷藏时间：4 小时　冷藏温度：0 ~ 5℃

难易度 ★☆☆

材料（分量：1个）

奶油奶酪200克
淡奶油170克
抹茶粉10克
奥利奥饼干（去除奶油夹心）80克
无盐黄油50克
细砂糖80克
牛奶30毫升
吉利丁片10克
蜜豆25克

制作步骤

制作饼干底

1 将奥利奥饼干装入密封袋里，再用擀面杖擀成碎。

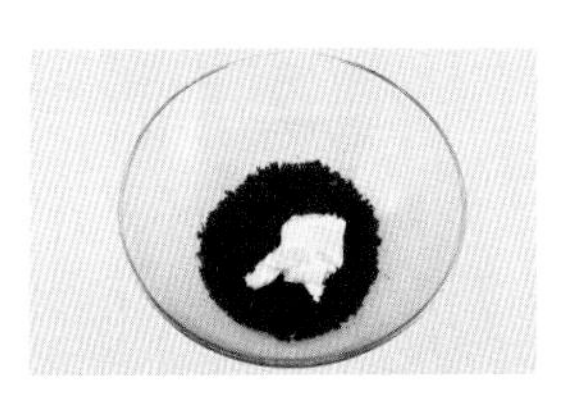

2 将奥利奥饼干碎和室温软化的无盐黄油装入大玻璃碗中，用橡皮刮刀拌匀，制成饼干底。

3 取慕斯圈，用锡箔纸包上一边做底，倒入饼干底，铺平、抹匀，放入冰箱冷藏，待用。

☆不宜用重力来按压饼干底，否则成品会很硬，影响口感。

制作抹茶糊

4 将奶油奶酪倒入另一个大玻璃碗中，用电动搅拌器搅打均匀。

5 碗中倒入细砂糖，翻拌均匀，改用电动搅拌器搅打至出现纹路。

6 平底锅中倒入牛奶煮至沸腾，放入泡软的吉利丁片，煮至完全溶化。

7 改小火，倒入抹茶粉，搅拌至无干粉状态，制成抹茶液。

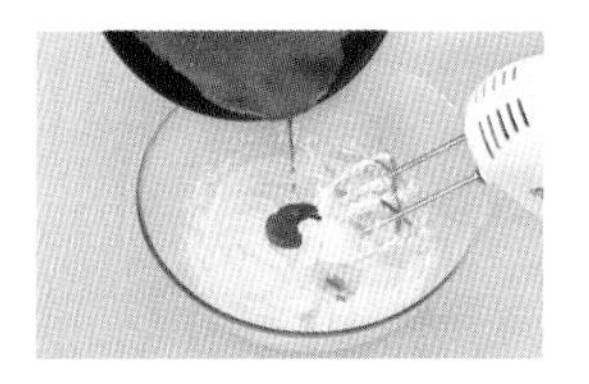

8 关火，将抹茶液分2次缓慢倒入装有奶油奶酪的大玻璃碗中，均用电动搅拌器搅打均匀，即成抹茶糊。

制作蛋糕糊

9 将淡奶油倒入干净的大玻璃碗中，用电动搅拌器搅打至九分发。

10 将打发淡奶油分2次倒入抹茶糊中，拌匀，倒入20克蜜豆，拌匀，倒在饼干底上，撒上剩余的蜜豆，再冷藏4小时。

冷藏定型

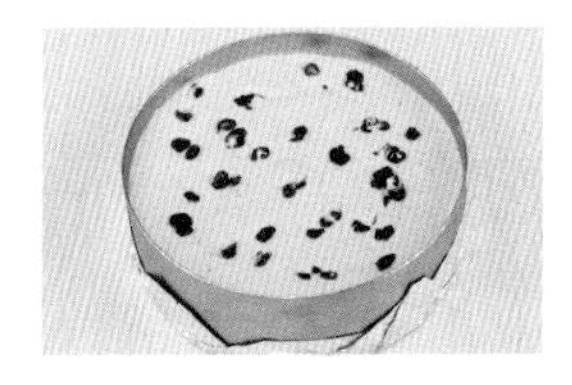

11 取出冷藏好的蛋糕，脱模即可。

咖啡慕斯

冷藏时间：4 小时　冷藏温度：0 ~ 5℃

难易度 ★☆☆

材料（分量：1个）

消化饼干60克
无盐黄油40克
淡奶油250克
糖粉40克
纯咖啡粉20克
清水20毫升
吉利丁片8克

制作步骤

制作饼干底

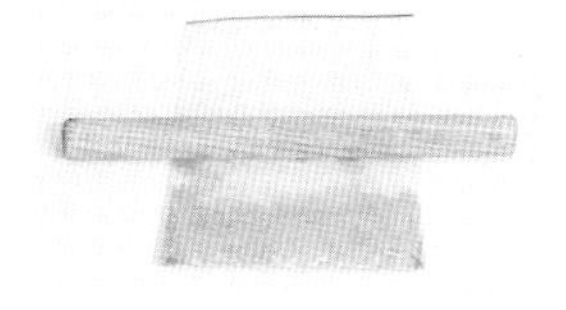

1 将消化饼干装入保鲜袋中，用擀面杖擀碎。

2 将饼干碎、室温软化的无盐黄油倒入大玻璃碗中，用橡皮刮刀翻拌均匀，即成饼干底。

3 蛋糕圈用锡箔纸做底，倒入饼干底铺平，再冷藏待用。

制作咖啡慕斯糊

4 将清水倒入装有咖啡粉的小玻璃碗中，用手动搅拌器搅拌至混合均匀。

5 将吉利丁片浸水泡软，再隔热水熔化至呈透明状。

6 往装有吉利丁片的碗中倒入咖啡液，搅拌均匀，待用。

7 将淡奶油、糖粉装入干净的大玻璃碗中，用电动搅拌器搅打至出现清晰纹路。

8 将咖啡吉利丁液倒入淡奶油碗中，用手动搅拌器搅拌均匀，制成咖啡慕斯糊。

冷藏定型

9 取出饼干底，倒入咖啡慕斯糊，用橡皮刮刀抹平，再轻振几下排出大气泡。

10 放入冰箱冷藏约4小时至变硬，取出冷藏好的咖啡慕斯，用喷枪烤一下慕斯圈表面，脱模，切成长条块即可。

☆脱模时要匀速而缓慢，左右两边要保持平衡。

草莓慕斯

冷藏时间：4 小时以上　冷藏温度：0 ~ 5℃

难易度 ★★☆

材料（分量：1个）

戚风蛋糕2片
动物性淡奶油160克
草莓汁230毫升
细砂糖70克
柠檬汁15毫升
吉利丁片15克
草莓少许
夏威夷果少许
薄荷叶少许

制作步骤

制作草莓柠檬液

1 将200毫升草莓汁、柠檬汁、细砂糖倒入大玻璃碗中。

2 用手动搅拌器将碗中材料搅拌均匀至细砂糖完全溶化。

3 将10克吉利丁片装入小玻璃碗中，再倒入适量温水泡至发软。

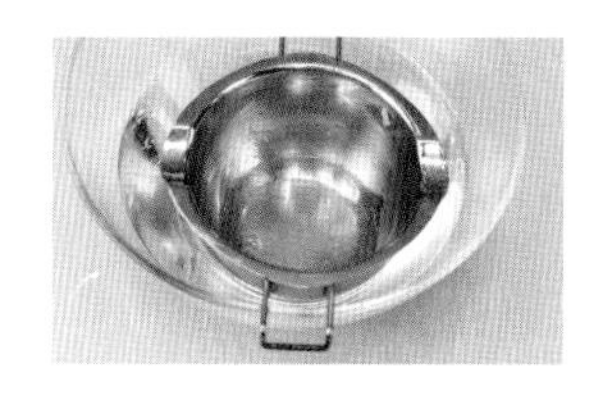

4 捞出吉利丁片装入小钢锅中，再隔热水搅拌至完全熔化。

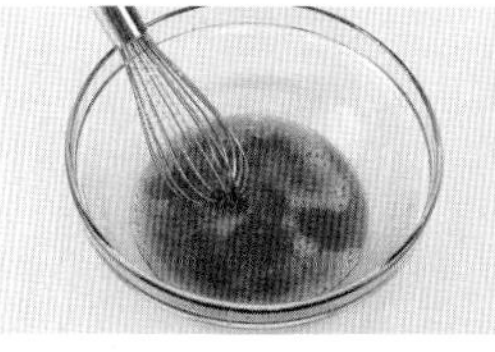

5 将熔化的吉利丁片倒入有草莓汁的大玻璃碗中，用手动搅拌器搅拌均匀，即成草莓柠檬液。

☆泡软的吉利丁片捞出后，要沥干水分。

制作草莓慕斯糊

6 将动物性淡奶油倒入另一个干净的大玻璃碗中，用电动搅拌器搅打至九分发。

☆搅打至淡奶油呈淡淡的乳白色即可。

7 分2次倒入草莓柠檬液，均用橡皮刮刀翻拌均匀，即成草莓慕斯糊。

冷藏定型

8 取慕斯圈，用保鲜膜包住一面做底，放在平底盘上。

9 往慕斯圈内放入一片戚风蛋糕，再倒入草莓慕斯糊，至六分满。

☆倒完草莓慕斯糊后可以再轻振几下。

10 盖上另一片戚风蛋糕，倒上剩余草莓慕斯糊，用橡皮刮刀将表面抹平，移入冰箱冷藏3小时以上。

制作草莓果冻液

11 将5克吉利丁片隔热水搅拌至熔化，再往里倒入30毫升草莓汁，搅拌均匀，制成草莓果冻液。

二次冷藏定型

12 取出冷藏好的草莓慕斯，倒上草莓果冻液，轻振几下排出大气泡，再次移入冰箱，冷藏1小时。

脱模装饰

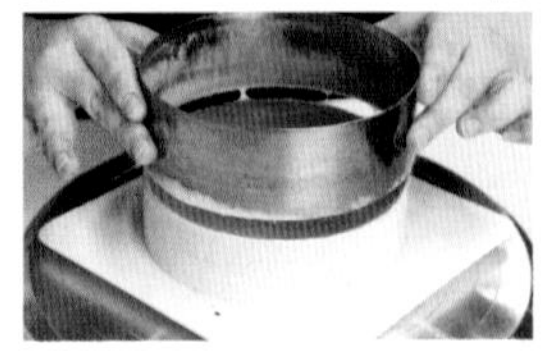

13 取出冷藏好的草莓慕斯，撕掉保鲜膜，用喷枪烤一下慕斯圈表面，脱掉慕斯圈。

☆如果没有喷枪，则常温放置一会儿再脱模即可。

14 放上对半切的草莓、夏威夷果、薄荷叶做装饰即可。

和心一起律动

草莓的形状像一颗心，它和爱好美食者的心紧紧地捆绑在一起，一同律动。

芒果慕斯

冷藏时间：6 小时　冷藏温度：0 ~ 5℃

难易度
★★☆

材料（分量：1个）

芒果泥150克
芒果丁80克
蛋黄（1个）22克
牛奶75毫升
细砂糖15克
炼奶15克
吉利丁片15克
淡奶油125克
芒果片50克
透明果膏80克
猕猴桃丁少许
糖粉8克
银珠糖少许
薄荷叶1片

制作步骤

制作芒果蛋黄糊

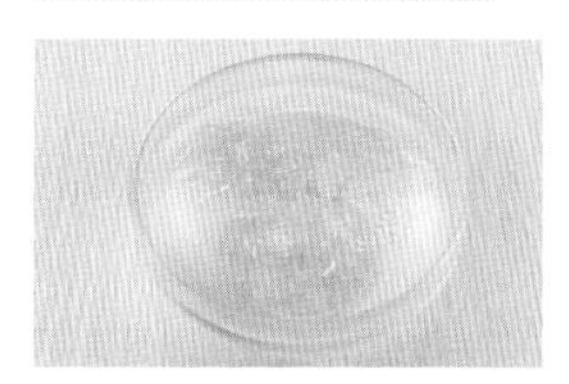

1 将10克吉利丁片提前浸水泡软。

2 将牛奶倒入平底锅中，用中火加热。

3 捞出泡软的吉利丁片，沥干水分后倒入平底锅中，搅拌至其完全溶化。

4 倒入炼奶，继续搅拌均匀。

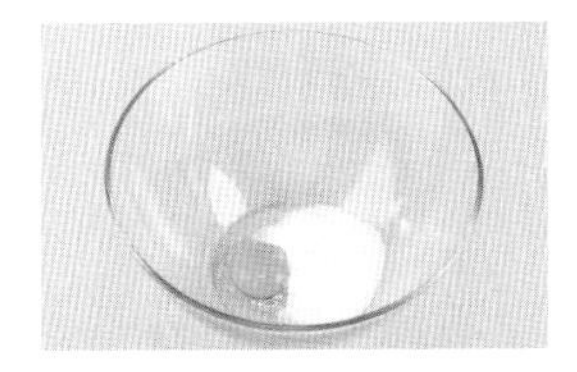

5 将蛋黄、细砂糖倒入大玻璃碗中，用手动搅拌器搅拌均匀。

6 将平底锅中的材料缓慢倒入碗中，边倒边不停地搅拌均匀。

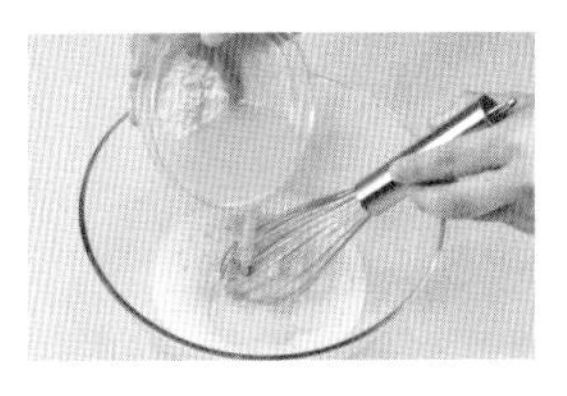

7 将100克芒果泥倒入碗中，边倒边搅拌均匀，制成芒果蛋黄糊。

制作芒果慕斯糊

8 将淡奶油倒入另一个大玻璃碗中，用电动搅拌器搅打至九分发。

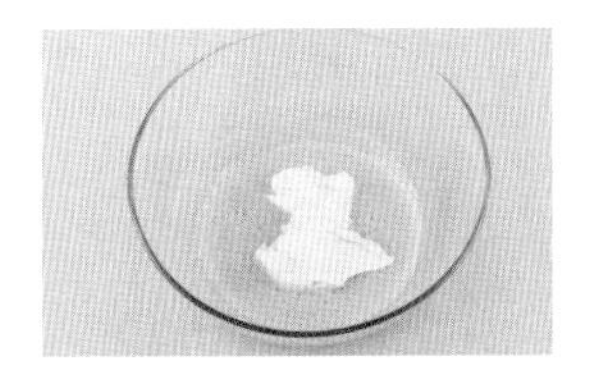

9 用橡皮刮刀将一半的打发淡奶油倒入芒果蛋黄糊中，翻拌均匀。

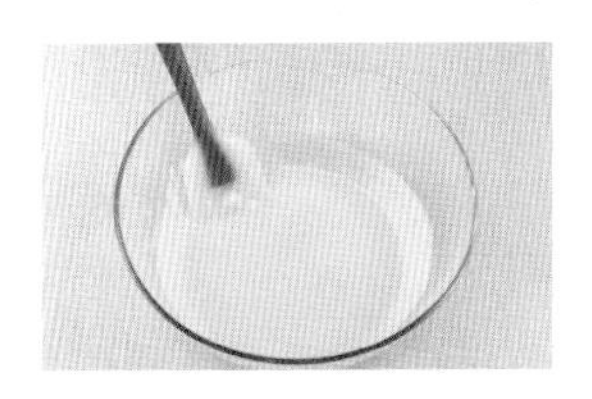

10 将拌匀的材料倒入装有剩余打发淡奶油的大玻璃碗中，用橡皮刮刀搅拌均匀，制成芒果慕斯糊。

冷藏定型

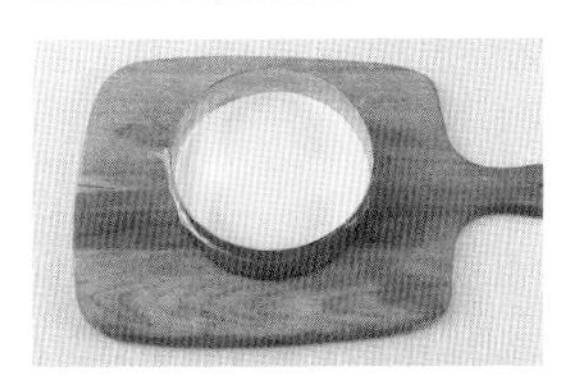

11 取慕斯圈，用保鲜膜包住一边做底，再放在砧板上，倒入2/3的芒果慕斯糊。

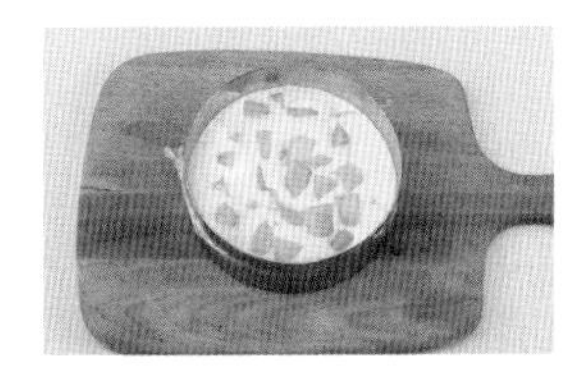

12 放上芒果丁，倒上剩余的芒果慕斯糊，抹平，再冷藏4小时。

制作芒果膏

13 将5克吉利丁片浸水泡软，沥干水分后倒入装有50克芒果泥的碗中。

14 碗中再倒入糖粉、透明果膏，搅拌均匀，制成芒果膏。

二次冷藏定型

15 取出冷藏好的芒果慕斯，倒上拌匀的芒果膏，再放入冰箱冷藏2小时，取出，用喷枪烤一下慕斯圈后脱模。

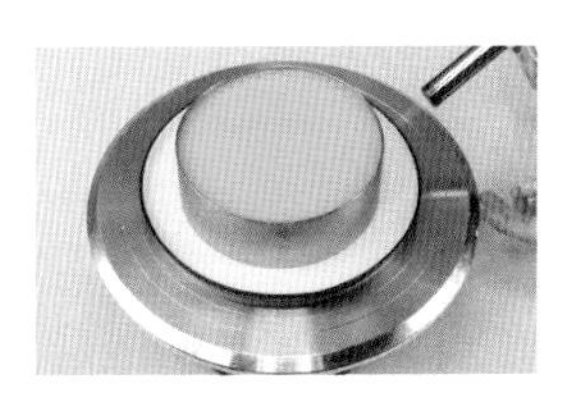

16 放上银珠糖、适量芒果片、猕猴桃丁、薄荷叶，再用剩余芒果片做出“玫瑰花”即可。

抹茶慕斯
冷藏时间：3 小时以上
冷藏温度：0 ~ 5℃
难易度
★☆☆

材料（分量：1个）

6寸圆形抹茶蛋糕2片
温牛奶100毫升
细砂糖50克
抹茶粉10克
吉利丁片7克
动物性淡奶油250克
防潮糖粉少许

制作步骤

制作抹茶糊

1 将温牛奶、细砂糖倒入大玻璃碗中，搅拌至细砂糖完全溶化。

2 将抹茶粉过筛至碗里，搅拌至混合均匀，放凉至室温。

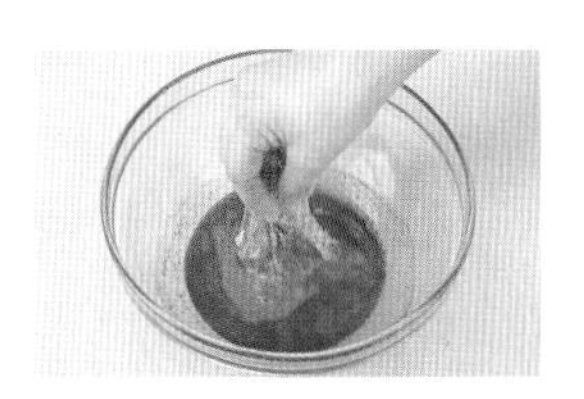

3 吉利丁片泡软后加入碗中，混匀成抹茶糊。

制作抹茶慕斯糊

4 将动物性淡奶油倒入另一个大玻璃碗中，用电动搅拌器搅打至九分发。

5 将抹茶糊分2次放入装有打发动物性淡奶油的碗中，搅拌均匀，即成抹茶慕斯糊。

冷藏定型

6 取慕斯圈，用保鲜膜包住一面做底后放在平底盘上，往慕斯圈内倒入适量抹茶慕斯糊。

☆用来垫底的盘子一定要是平底盘。

7 放上一片抹茶蛋糕，继续倒入抹茶慕斯糊，再放上一片抹茶蛋糕，轻轻按压一下。

8 移入冰箱冷藏3小时以上，取出冷藏好的抹茶慕斯，脱模。

9 在慕斯蛋糕表面筛上一层防潮糖粉，放上四条宽约1.5厘米的长纸条，筛上一层抹茶粉（分量外）。

10 将四条长纸条撤掉即可。

巧克力慕斯

冷藏时间：3 小时以上　冷藏温度：0 ~ 5℃

难易度 ★☆☆

材料（分量：1个）

6寸可可味蛋糕2片
动物性淡奶油200克
蛋黄39克（2个）
细砂糖50克
巧克力（切碎）25克
牛奶25毫升
可可粉15克
吉利丁片10克
网状巧克力适量
草莓1个

制作步骤

制作蛋黄巧克力糊

1 将吉利丁片装入小玻璃碗中，再倒入适量温水泡至发软，待用。

2 将蛋黄、细砂糖倒入大玻璃碗中，用手动搅拌器搅拌至细砂糖完全溶化。

3 大玻璃碗中加入牛奶，搅拌均匀。

4 倒入巧克力，隔热水搅拌至完全混合均匀。

5 将可可粉过筛至碗里，用手动搅拌器搅拌至无干粉状态。

6 将泡软的吉利丁片捞出，沥干水分后放入大玻璃碗中，继续搅拌至碗中材料完全混合均匀，即成蛋黄巧克力糊。

☆如发现呈果冻状，说明搅拌不彻底，应继续搅拌一会儿。

制作慕斯糊

7 将动物性淡奶油倒入另一个干净的大玻璃碗中，用电动搅拌器搅打至九分发。

8 将1/3的打发淡奶油倒入蛋黄巧克力糊中，用橡皮刮刀翻拌均匀。

9 将拌匀的材料倒入装有剩余打发淡奶油的碗中，继续翻拌均匀，即成慕斯糊。

冷藏定型

10 取慕斯圈，用保鲜膜包住一面做底，放在平底盘上。

11 往里倒入一层慕斯糊，接着放上一片蛋糕片。

12 再倒入一层慕斯糊，盖上另一片蛋糕片，轻轻按压一下，移入冰箱冷藏3小时以上。

13 取出冷藏好的巧克力慕斯，放在转盘上，撕掉保鲜膜，用喷枪烤一下慕斯圈表面，脱掉慕斯圈。

☆使用喷枪时，要边转动转盘边烤，以免蛋糕变形。

14 插上装饰用的网状巧克力，放上对半切开的草莓做装饰即可。

“冰冷”的温暖

冻出来的蛋糕很受欢迎，尤其是夏天，冷在嘴里，却暖在心中。